독학 수학

독학 수학

ⓒ 박구연, 2014

초판 1쇄 인쇄일 2014년 11월 19일
초판 1쇄 발행일 2014년 11월 25일

지은이 박구연
펴낸이 김지영　**펴낸곳** 지브레인^{Gbrain}
편집 김현주
마케팅 김동준 · 조명구　**제작 · 관리** 김동영

출판등록 2001년 7월 3일 제2005-000022호
주소 121-895 서울시 마포구 어울마당로 5길 25-10 유카리스티아빌딩 3층
　　　　　　　　　　(구. 서교동 400-16 3층)
전화 (02)2648-7224　**팩스** (02)2654-7696

ISBN 978-89-5979-347-1 (04410)
　　　　978-89-5979-348-8 (SET)

수학을 디저트처럼 달콤하게, 더 맛있게 배운다

다시 시작하는 수학

독학 수학

박구연 지음

지브레인

태산이 높다하되 하늘 아래 뫼이로다.

오르고 또 오르면 못 오를 리 없건마는

사람이 제아니 오르고 뫼만 높다 하더라.

양사언

　이 고시조는 사람이 어떤 일에 도전하지 않고 한탄만 할 때 들려주게 된다. 또한 불가능만을 생각하는 사람들을 일깨워주는 고시조이다. 수학은 우리에게 친근하게 다가오지 않지만 조그마한 이론이나 공식을 시작으로 점점 접근하면 크게 어렵지는 않다. 어렵다의 기준은 사람마다 차이가 있겠지만 그리 막막한 범위만은 아니다. 이번 책《다시 시작하는 수학! 독학 수학》은 수학에 자신감을 잃은 학생이나 다시 한번 수학을 시작하고 싶은 일반인을 위해 준비했다. 따라서 다양한 수학 분야에서 가장 기본이 되는 분야를 뽑아 개념과 원리에 충실하게 소개함으로써 기본 수학의 이해를 돕고 싶었다.

　팽이를 돌릴 때 팽이를 돌게 해주는 것은 팽이의 줄과 힘껏 내리치는 사람의 가동력이다. 팽이줄을 잘못 감으면 팽이는 잘 돌지 않는다. 팽이를 잘 감더라도 잘못 내리치면 팽이는 휘청거리면서 쓰러지게 된다. 그런 의미에서 여러분이 가볍게 이 책을 보면서 수학에 관련된 개념을 하나하나 살펴보면서 수학적 명제와 예제를 잘 활용해 개념을 익힌다면 많은 도움이 될 것이다. 자! 이제 수학이란 지성의 학문의 장벽을 사뿐히 뛰어넘어 여러분의 빈 공간을 채워보자.

2014. 11 박구연

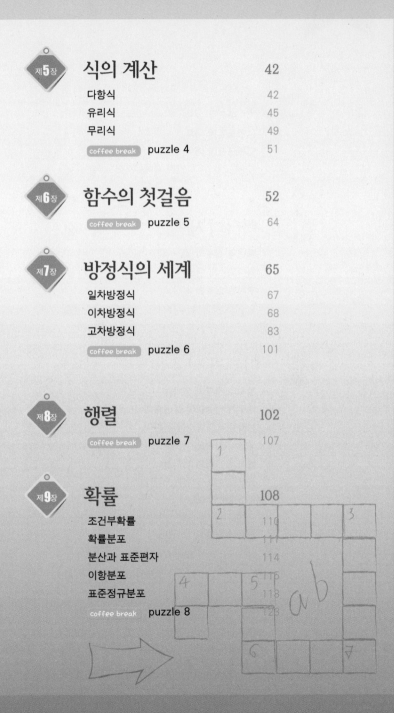

제1장

명제와 논리

명제의 첫걸음

「사람은 동물이다」는 문장이며 참이다. 그런데 「잉어는 새이다」라고 한다면 여러분은 뻥치지 말라며 손을 흔들 것이다. 새라고? 말도 안 되는 거짓이다. 그러나 명제는 맞다. 명제에 대한 정의는,

명제는 문장이나 식 중에서 참과 거짓을 판단할 수 있는 것

이다. 그렇다면 「저 꽃은 아름답다」는 명제가 될까? 「영화배우 A는 예쁜 여배우이다」는 어떤가?

둘 다 명제가 아니다. 저 꽃의 아름다움은 사람마다 판단 기준이 달라 명확하지 않기 때문이다. 따라서 영화배우 A도 외모의 기준이 사람마다 다르기에 명제라 할 수 없다. 감탄문도 명제가 아니다. 즉 판단이 엇갈리는 문장은 명제가 아니다.

명제의 참, 거짓을 진릿값이라고 한다.

「p이면 q이다」라는 문장은 p를 q의 부분집합으로 생각하면 된다. 「사람은 동물이다」라는 명제는 사람 p가 동물 q에 포함된다. 그런데 이 명제를 「동물은 사람이다」로 바꾸면 「q가 p이다」가 되며, 거짓인 명제라는 것을 알게 된다. 동물은 사람 외에도 수많은 종류가 있기 때문이다. 이렇게 「p이면 q이다」를 「q이면 p이다」로 바꾸어 나타낸 것을 역逆이라 한다. 「p가 아니다」는 ~p로, 「q가 아니다」는 ~q로 나타낸다. ~은 영어로 'not'이다.

「p가 아니면 q가 아니다」도 나타낼 수 있다. 이를 이異라 한다. 「사람이 아니면 동물이 아니다」인 것이다. 그리고 역에 부정을 붙여서 「q가 아니면 p가 아니다」로 바꾼 것을 대우對偶라 한다.

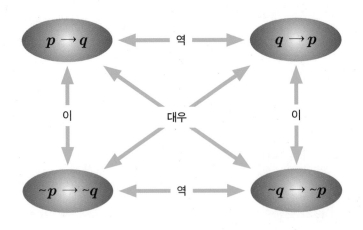

위의 그림은 역, 이, 대우를 한눈에 볼 수 있도록 나타낸 것으로 여기에서 가장 중요한 것은 명제와 대우의 관계이다. 명제가 참이면 대우는

참이 된다. 「사람은 동물이다」가 「동물이 아니면 사람이 아니다」로 바뀌게 되면 둘 다 참인 것이다. 이렇게 명제가 분명히 참이면 대우를 썼을 때 어렵게 표현되지만 그래도 이는 명제에 대한 참과 거짓을 따질 때는 중요하다.

특히 대우로 된 명제는 단번에 참인 명제인지 밝히기 어려워서 원래의 명제에서 참 또는 거짓을 따진 후 판단한다.

논리곱과 논리합

합성명제 「p이고 q이다」를 두 명제의 논리곱이라 한다. 기호 $p \wedge q$로 나타내며 두 명제 p와 q의 진릿값이 모두 참일 때에만 $p \wedge q$는 참이 된다. 그리고 어느 하나가 거짓이 되면 $p \wedge q$는 거짓이다.

p와 q 명제를 다음과 같이 나타내보자.

p : 정삼각형은 예각삼각형이다.
q : 17은 소수이다.

p 명제에서 정삼각형은 예각삼각형이라 했으며 이는 참인 명제이다. 정삼각형의 성질에서 「세 내각의 크기는 같다」에 따라 한 각이 $60°$이므로 예각삼각형이 맞는 것이다. q 명제에서 17은 소수가 참이다. 따라서 $p \wedge q$는 참이다.

계속해서 이번에는 p와 q 명제를 다음과 같이 나타내보자.

p : 이등변삼각형의 두 밑각의 크기는 같다.

q : 사다리꼴은 두 쌍의 대변이 평행한 사각형이다.

p 명제는 참인 명제이고 q 명제는 거짓인 명제이다. q 명제가 거짓인 이유는 사다리꼴의 정의가 아니라 평행사변형의 정의이기 때문이다. 따라서 q 명제가 거짓이므로 $p \wedge q$는 거짓이다.

「합성명제 p이거나 q이다」를 두 명제의 논리합이라 한다. 기호 $p \vee q$로 나타내며 두 명제 p와 q의 진릿값이 모두 거짓일 때 진릿값은 거짓이다. 그리고 어느 하나라도 참이면 $p \vee q$는 참이다.

p : 이등변삼각형의 두 밑각의 크기는 같다.

q : 사다리꼴은 두 쌍의 대변이 평행한 사각형이다.

앞에서 인용한 명제이다. q 하나가 거짓인 명제이지만 $p \vee q$은 참이 된다. 논리곱은 교집합이고 논리합은 합집합으로 이해하면 된다.

그리고 이러한 논리합과 논리곱에는 다음과 같은 네 가지 법칙이 있다.

(1) **교환법칙** $p \wedge q \Leftrightarrow q \wedge p,\ p \vee q \Leftrightarrow q \vee p$

(2) **결합법칙** $(p \wedge q) \wedge r \Leftrightarrow p \wedge (q \wedge r),\ (p \vee q) \vee r \Leftrightarrow p \vee (q \vee r)$

(3) **분배법칙** $p \wedge (q \vee r) \Leftrightarrow (p \wedge q) \vee (p \wedge r),$

$\qquad p \vee (q \wedge r) \Leftrightarrow (p \vee q) \wedge (p \vee r)$

(4) **드모르간 법칙** $\sim(p \wedge q) \Leftrightarrow \sim p \vee \sim q,\ \sim(p \vee q) \Leftrightarrow \sim p \wedge \sim q$

(1)은 논리기호를 중심으로 두 명제의 좌우가 바뀌어도 변화가 없는 법칙이다. (2)의 논리곱은 명제에 괄호의 위치가 바뀌어도 명제는 성립한다

는 것을 보여준다. (3)은 분배법칙처럼 생각하면 된다. (4)는 부정기호에 따른 논리합과 논리곱의 기호변화를 나타낸다.

쌍조건문

「p이면 q이다」와 「q이면 p이다」를 연결하여 만든 합성명제를 쌍조건문이라 한다. 표시로는 $p \leftrightarrow q$이다. p와 q가 참이면 참이 되고, p와 q가 둘 다 거짓이어도 참이 된다. 직접 명제를 풀어 p, q를 보면 한결 이해가 빠를 것이다.

p : 짝수인 소수가 있다.

q : 정수는 덧셈에 대해 닫혀 있다.

p 명제도 q 명제도 참이다. 이것은 당연히 진릿값은 참인 쌍조건문이다. 이번에는 아래의 두 명제를 살펴보자.

p : 모든 홀수는 2의 배수이다.

q : 약수가 3개인 소수가 있다.

p와 q 모두 거짓이다. 따라서 쌍조건문은 참이다. 이렇게 쌍조건문은 두 명제가 참이나 거짓이어야 진릿값이 참인 것을 알 수 있다.

가로와 세로로 움직여 같은 숫자끼리 연결해보세요.
(단 숫자끼리 연결한 선은 한 번씩만 지나야 합니다)

4						
			3			
	1		2			
		4	5			
5						
3					2	1

답 222p

제2장
실수와 허수 체계

복소수는 실수와 허수의 합으로 이루어진 수를 말한다.

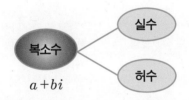

복소수에서 b가 0이면 a가 된다. 그 결과 복소수는 실수가 된다. 우리가 아는 유리수와 무리수이다. 하지만 b는 0이 아니고 a가 0이 되면 bi가 된다. 이때 bi는 순허수가 된다.

a와 b 모두 0이 아니면 $a+bi$가 되는데 순허수가 아닌 허수가 되는 것이다.

실수는 실제로 복소수를 의미하며, 복소수가 수의 광범위한 체계이다. 그래서 우리가 쓰는 수는 복소수이다.

이번 단원에서는 실수와 허수 체계에 대해 알아볼 예정이다. 실수 체계에서는 항등원과 역원과 연산의 성질을, 허수 체계에서는 연산의 성질을 살펴볼 것이다.

실수 체계

닫혀 있다는 뜻

집합의 임의의 두 원소 a, b에 대해 어떤 연산을 한 결과가 항상 그 집합의 원소가 될 때 그 연산에 대해 닫혀 있다고 한다.

닫혀 있음에 대한 사칙연산의 표는 다음과 같다.

집합 \ 사칙 연산	덧셈	뺄셈	곱셈	나눗셈
자연수	○	×	○	×
정수	○	○	○	×
유리수	○	○	○	○
무리수	×	×	×	×
실수	○	○	○	○

자연수는 덧셈에 대해 닫혀 있다. $1+3=4$, $2+9=11$ 같은 단순한 연산을 보면 알 수 있듯이 자연수끼리의 덧셈에서는 항상 자연수가 나온다. 뺄셈의 경우 $4-1=3$, $7-6=1$이지만 $2-4=-2$, $5-6=-1$로 음의 정수가 나올 수도 있으므로 닫혀 있지 않다. 곱셈에서는 $5\times8=40$,

$2 \times 13 = 26$으로 자연수끼리의 곱은 항상 닫혀 있다. 나눗셈은 $1 \div 2 = \dfrac{1}{2}$, $3 \div 5 = \dfrac{3}{5}$처럼 유리수가 되므로 닫혀 있지 않다. 이를 정수에도 적용해 살펴보면 나눗셈에서 닫혀 있지 않음을 알 수 있다. $1 \div 2 = \dfrac{1}{2}$이 되어 정수가 아닌 유리수이므로 닫혀 있지 않음을 확인할 수 있다.

그리고 유리수는 사칙연산에 모두 닫혀 있다. 반대로 무리수는 사칙연산에 닫혀 있지 않은데 직접 확인해보면 다음과 같다.

$-\sqrt{3} + \sqrt{3} = 0$이 되므로 덧셈에 닫혀 있지 않다. $\sqrt{2} - \sqrt{2} = 0$이므로 뺄셈에 닫혀 있지 않다는 것을 알 수 있다. $\sqrt{5} \times \sqrt{5} = 5$가 되므로 곱셈에서 닫혀 있다. 나눗셈은 $\sqrt{5} \div \sqrt{5} = 1$이므로 자연수가 됨을 알 수 있다. 실수끼리의 사칙연산도 실수가 되므로 닫혀 있다. 실수의 사칙연산에서는 허수가 되지는 않는다.

항등원과 역원

집합이 연산 $*$에 대해 닫혀 있을 때 임의의 원소 a에 대해 $a*e = e*a = a$를 만족하는 원소 e를 연산 $*$에 대한 항등원이라 한다.

역원은 연산 $*$에 대한 항등원 e가 있을 때 임의의 원소 a에 대해 $a*x = x*a = e$를 만족하는 원소 x를 연산 $*$에 대한 a의 역원이라 한다.

실수의 성질

꼭 기억해야 할 실수의 성질은 다음과 같다.

(1) 실수 a, b에 대해 $a^2+b^2=0 \Leftrightarrow a=0$, $b=0$이다.

(2) $|a|+|b|=0 \Leftrightarrow a=0$, $b=0$

(3) $\sqrt{a^2}+\sqrt{b^2} \Leftrightarrow a=0$, $b=0$

(1)번은 a^2과 b^2은 0보다 크거나 같은 수이므로 a, b는 0일 수밖에 없다. 따라서 a와 b는 0이다. 이것은 실수 체계에서만 가능한 것이다. 거꾸로 a와 b가 0이면 a^2과 b^2도 0이 된다.

(2)번은 절댓값이 0보다 크거나 같은 값이므로 $|a|+|b|=0$을 만족하는 a, b는 0밖에 없다는 것을 나타낸 것이다.

(3)번은 $|a|$가 $\sqrt{a^2}$인 것을 알면 (2)번과 (3)번은 수학적 표기만 다를 뿐 같은 성질인 것을 알 수 있다.

또 다른 실수의 대소 관계에 관한 성질은 다음과 같다.

실수의 대소 관계에 대한 성질

세 실수 a, b, c에 대해

(1) $a>b$, $b>c$이면 $a>c$

(2) $a>b$이면 $a+c>b+c$

(3) $a>b$, $c>0$이면 $ac>bc$

(4) $a>b$, $c<0$이면 $ac<bc$

(1)번은 부등호의 방향의 연쇄성을 나타낸 것이다. 숫자로 대입하여 「4가 2보다 크다」는 것을 $a>b$로 생각하자. 그렇게 되면 「2가 1보다 크

다」를 $b > c$로 생각할 수 있다. 4가 1보다 크므로 $a > c$가 되는 것을 알게 될 것이다.

(2)번은 좌변의 a가 우변의 b보다 크면 c의 값에 관계없이 양변에 c를 더해도 부등호의 방향은 바뀌지 않는 것을 나타낸 것이다.

(3)번은 a가 b보다 클 때 c가 양수이면 $ab > bc$로 부등호의 방향은 바뀌지 않는 것을 나타낸다.

(4)번은 c가 음수일 때 부등호의 방향은 반대로 바뀌는 것을 나타낸다.

허수 체계

복소수의 발견은 삼차방정식의 근을 구하는 도중에 수학자 카르다노 Girolamo Cardano(1501~1576)가 음수의 제곱근을 나타내기 곤란해 생각한 것에서 시작한다. 음수의 제곱근은 당시 생각할 수도 없는 수였던 만큼 수학계에서는 생각도 하지 않았다. 이를 카르타노가 생각하고 봄벨리 Rafael Bombelli(1526?~1572)가 이에 더해 복소수의 체계를 확고히 다짐으로써 복소수의 여러 정리가 수학계에 획기적이고 실용적인 체제로 자리잡히게 되었다.

$x^2 = 1$을 풀면 $x = \pm 1$이다. 어떤 수의 제곱수는 음수가 될 수 없음에도 $x^2 = -1$이 나오는 경우가 있다. 이에 대해 $x = i$로 하고 이는 허수가 된다. $i \times i = -1$이 되며 $i \times i \times i = (-1) \times i$가 되어 $-i$가 된다.

$$i$$
$$i \times i = -1$$
$$i \times i \times i = -i$$
$$i \times i \times i \times i = 1$$
$$i \times i \times i \times i \times i = i$$
$$\vdots$$

순허수 i에 i를 곱하면 -1이 되고 또 한 번 i를 곱하면 $-i$, 또 한번 i를 곱하면 1이 된다. 이 경우 4번씩 돌아갈 때마다 i, -1, $-i$, 1, i,… 순으로 반복된다. 즉 i, -1, $-i$, 1이 계속해서 반복되는 것이다.

복소수의 사칙연산

복소수의 사칙연산은 실수부는 실수부끼리 허수부는 허수부끼리 묶어 계산한다.

a, b, c, d가 실수일 때,

(1) $(a+bi)+(c+di)=(a+c)+(b+d)i$

(2) $(a+bi)-(c+di)=(a-c)+(b-d)i$

(3) $(a+bi)(c+di)=(ac-bd)+(ad+bc)i$

(4) $\dfrac{a+bi}{c+di}=\dfrac{(a+bi)(c-di)}{(c+di)(c-di)}=\dfrac{(ac+bd)+(bc-ad)i}{c^2+d^2}$

(단, $c+di \neq 0$)

9개의 같은 동전이 그림처럼 놓여 있습니다. 앞면을 H(Head), 뒷면을 T(Tail)로 하고, 동전은 3번 또는 4번 자유롭게 선택하여 한 번씩 뒤집는다면 몇 차례에 걸쳐서 모든 동전의 뒷면을 앞면으로 바꿀 수 있을까요?

답 222p

제 3장

지수와 로그

지수^{exponent}는 거듭제곱을 나타낼 때 쓰이는 기호이다. 지수를 통해 어떤 수를 몇 번 곱했는지 알 수 있고, 더 나아가 함수로 나타낼 때 지수함수로 그 영역을 넓혀 응용할 수 있다. 로그^{log}는 지수와 짝을 이루기 때문에 홀수가 지수이면 로그는 짝수로 비유된다. 로그함수도 로그를 함수에 접한 분야이다. 먼저 지수를 시작으로 이에 대해 모두 알아보자.

지수

「어떤 수를 거듭제곱한다」는 의미는 어떤 수를 두 번 이상 곱한 것을 의미한다. a를 세 번 곱하면 a^3이다. 이때 알아야 할 것은 $a \times a \times a = a^3$인데 a를 밑, 3을 지수라 한다. b를 다섯 번 곱하면 b^5이 된다. b는 밑, 5는 지수이다. 이 정도는 여러분에게 껌일 것이다. 그렇다면 왜 지수는 복잡하고 어렵게 느껴질까? 지수의 성질을 하나하나 알아갈수록 기억할 것도 조금씩 많아져서 그렇다. 먼저 지수법칙을 살펴보자.

(1) $a^m a^n = a^{m+n}$

(2) $(a^m)^n = a^{mn}$

(3) $(ab)^n = a^n b^n$

(4) $\left(\dfrac{b}{a}\right)^n$ (단 $a \neq 0$)

(5) $a^m \div a^n = \begin{cases} a^{m-n} & (m > n) \\ 1 & (m = n) \\ \dfrac{1}{a^{n-m}} & (m < n) \end{cases}$ (단 $a \neq 0$)

(1)번은 밑이 같지만 지수가 다르면 곱할 때 밑은 그대로 두고 지수끼리 더한다. $2^2 \times 2^3 = 2^{2+3} = 2^5$이 되는 것이다. 지수끼리 곱하면 밑은 그대로이고 지수의 숫자끼리 합으로 되며 이것을 나타내면 $3^2 \times 3^5 \times 3^{10} = 3^{2+5+10} = 3^{17}$이 되는 것을 알 수 있다.

(2)번은 괄호 안의 지수와 괄호 밖의 곱을 나타낸 것이다. 따라서 $(3^2)^5 = 3^{2\times5} = 3^{10}$이 된다.

(3)번은 $a^n b^n$을 하나의 밑의 곱으로 나타낼 때 묶어서 $(ab)^n$으로 나타내는 것을 거꾸로 생각하면 된다.

(4)번도 (3)번과 마찬가지이다. 단 분모가 0이 아닌 것은 유리수의 성질을 통해 이미 알고 있을 것이다.

(5)번은 밑이 같지만 지수가 다를 때의 나눗셈으로 이 경우 지수끼리의 차이다. $3^4 \div 3^2 = 3^{4-2} = 3^2$가 되는 것이다. 그렇다면 지수가 같을 때는 어떨까? $3^2 \div 3^2 = 3^{2-2} = 3^0 = 1$이다. 계속해서 $3^2 \div 3^3$은 어떻게 될까?

지수끼리 빼면 $3^2 \div 3^3 = 3^{2-3} = 3^{-1} = \dfrac{1}{3}$이다.

밑이 실수이고 지수가 음수일 경우에는 $a^{-m} = \dfrac{1}{a^m}$이 된다.

5^{-2}은 $\dfrac{1}{5^2}$이며 $(-3)^{-2}$은 $\dfrac{1}{(-3)^2} = \dfrac{1}{9}$이다.

그렇다면 $\left(\dfrac{1}{2}\right)^{-4}$은 어떻게 될까?

$\dfrac{1}{\left(\dfrac{1}{2}\right)^4} = \dfrac{1}{\dfrac{1}{16}} = 16$이 된다.

지수법칙은 유리수와 정수에도 성립하니 꼭 기억해두자.

이번에는 지수법칙과 함께 거듭제곱근의 성질을 알아보자. 조건이라면 $a > 0$, $b > 0$이며 m과 n은 자연수이다.

(1) $\sqrt[n]{a}\,\sqrt[n]{b} = \sqrt[n]{ab}$

(2) $\dfrac{\sqrt[n]{b}}{\sqrt[n]{a}} = \sqrt[n]{\dfrac{b}{a}}$

(3) $\left(\sqrt[n]{a}\right)^m = \sqrt[n]{a^m}$

(4) $\sqrt[m]{\sqrt[n]{a}} = \sqrt[mn]{a} = \sqrt[n]{\sqrt[m]{a}}$

(1)번은 n을 자연수로 대입하지 않고도 증명이 가능하다. 그리고 a, b는 자연수라는 전제하에서 구체적인 숫자를 대입하지 않아도 증명에 어려움이 없다.

$\sqrt[n]{a}$ 는 $a^{\frac{1}{n}}$ 이다. 따라서 $\sqrt[n]{a}\,\sqrt[n]{b} = a^{\frac{1}{n}}b^{\frac{1}{n}} = (ab)^{\frac{1}{n}}$ 이므로 $\sqrt[n]{ab}$ 가 된다.

(2)번은 분모와 분자로 나누어져 있는 제곱근 안의 a와 b를 합한 것으로 제곱근 안에 들어간다. 따라서,

$$\frac{\sqrt[n]{b}}{\sqrt[n]{a}} = b^{\frac{1}{n}} \div a^{\frac{1}{n}} = \left(\frac{b}{a}\right)^{\frac{1}{n}} = \sqrt[n]{\frac{b}{a}}$$ 로 증명이 된다.

(3)번은 $\left(\sqrt[n]{a}\right)^m = \left(a^{\frac{1}{n}}\right)^m = a^{\frac{m}{n}} = \sqrt[n]{a^m}$ 으로 증명이 된다.

(4)번은 $\sqrt[m]{\sqrt[n]{a}} = \sqrt[m]{a^{\frac{1}{n}}} = a^{\frac{1}{n}\times\frac{1}{m}} = a^{\frac{1}{mn}} = \sqrt[mn]{a}$ 로 증명이 되고 $\sqrt[n]{\sqrt[m]{a}}$

로 쓸 수도 있다.

로그

$a^x = N$일 때 a가 0보다 크고 1은 아닐 경우 $x = \log_a N$에서 a를 밑, N을 진수라 한다. 로그의 성질은 다음 여섯 가지가 있다.

(1) $\log_a a = 1$

(2) $\log_a 1 = 0$

(3) $\log_a MN = \log_a M + \log_a N$

(4) $\log_a \dfrac{M}{N} = \log_a M - \log_a N$

(5) $\log_a M^p = p \log_a M$

(6) $\log_a b = \dfrac{\log_c b}{\log_c a}$

(1)번은 로그에서 밑과 진수가 같으면 1이 된다는 것을 보여준다. (2)번은 진수가 1이면 로그값은 0이다. (3)번은 진수끼리의 곱은 로그의 합의 형태로 나눌 수 있다. (4)번은 진수의 나눗셈은 로그의 차로 나타내는 것을 알 수 있다. (5)번은 진수 위의 지수는 앞으로 빼내서 곱으로 나타낸다. (6)번은 로그의 밑 변환공식을 나타낸다.

밑이 10인 로그는 상용로그라고 하며 10은 생략해 $\log N$으로 나타낸다. 여러분은 $\sqrt{2}$ 는 ≒1.414이므로 1은 정수부분이고, 나머지 소수부분은 $\sqrt{2}$ −1이 된다(이유는 정수+소수가 $\sqrt{2}$ 가 되기 때문). 이처럼 상용로그는 정수와 소수의 합으로 나타낼 수 있다. 그런데 쓰이는 용어가 달라서 정수를 지표, 소수를 가수라 한다.

$$\log N = n + a$$

지표　가수

가수 a의 범위는 0보다 크거나 같고 1보다 작다.

600이라는 자연수를 보자. 상용로그를 사용해 600을 나타내면 지표와 가수는 다음과 같다.

$$\log 600 = \log 10^2 + \log 6$$
$$= 2 + \log 6 \qquad \text{둘을 곱해서 } 600$$

지표가 2이고 가수는 $\log 6$이다. 이번에는 상용로그를 사용하여 60을 나타내면 다음과 같다.

$$\log 60 = \log 10 + \log 6$$
$$= 1 + \log 6$$

지표가 1이고 가수는 $\log 6$이다. 무슨 규칙이 있는 것처럼 보였다면 여러분의 수학적 재능에 감탄해도 좋다. 하지만 안 보인다고 실망할 필요는 없다. 상용로그의 진수로 했을 때의 600과 60은 가수는 같지만 지표가 2에서 1이 된 것을 확인하면 된다. 600은 세 자리 자연수인데 지표가 2이고, 60은 두 자리 수인데 지표가 1이다. 따라서 정수 부분이 n 자리이면 상용로그의 지표는 하나 낮추어서 $n-1$ 자리이다.

이번에는 0.6과 0.06을 상용로그의 진수로 했을 때 지표와 가수를 살펴보자.

$$\log 0.6 = \log 0.1 + \log 6$$
$$= -1 + \log 6$$

지표가 -1이고 가수는 $\log 6$이다. 0.06을 상용로그의 진수로 했을 때는 다음과 같다.

$$\log 0.06 = \log 0.01 + \log 6$$
$$= -2 + \log 6$$

이것도 규칙이 있다. 바로 지표가 -1일 때 소수 첫째 자리에 0이 아닌 숫자가 나타나는 것이다. 지표가 -2이면 소수 둘째 자리에 0이 아닌 숫자가 나타난다. 따라서 지표가 -100이라도 소수 백 번째 자리에 0이 아닌 숫자가 나타나는 것을 유추할 수 있다.

지수함수

a가 1이 아닌 양수이면 함수 $y = a^x$을 지수함수라 한다. 지수함수는 $a > 1$일 때와 $0 < a < 1$일 때 두 가지가 있다. 그래프는 다음과 같다.

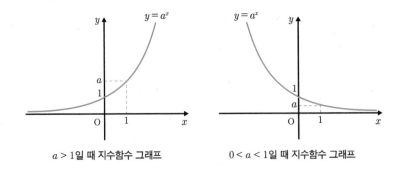

$a > 1$일 때 지수함수 그래프　　　　$0 < a < 1$일 때 지수함수 그래프

두 그래프 모두 점 $(0, 1)$을 지나는 것을 알 수 있다. 이것은 확인이 쉽다. $y = a^x$에서 x에 0을 대입하면 $y = 1$이 되기 때문이다. 그래서 지수

함수는 점 $(0,\ 1)$을 지나는 것을 기억하면 빠르게 그릴 수 있는 것이다. 그리고 정의역이 모든 x가 되면 치역은 $y>0$인 것도 알 수 있다. 주의할 것은 $y=a^x$이 이동하면 정의역과 치역이 달라진다는 것이다.

$a>1$일 때 지수함수 그래프는 x가 증가함에 따라 y가 증가하는 함수이고, $0<a<1$일 때 지수함수 그래프는 x가 증가함에 따라 y가 감소하는 그래프이다. 이때 두 그래프의 점근선은 x축이다.

지수함수를 대칭이동하면 다음과 같이 나타낼 수 있다.

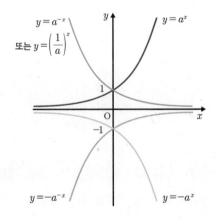

$y=a^{-x}$는 $y=\left(\dfrac{1}{a}\right)^x$로 바꾸어 나타낼 수 있는데 $y=a^x$가 y축을 중심으로 대칭이동한 그래프이다. $y=a^x$를 x축을 중심으로 대칭이동하면 $y=-a^x$ 그래프가 되며, $y=a^{-x}$를 x축을 중심으로 대칭이동하면 $y=-a^{-x}$ 그래프가 된다.

로그함수

a가 1이 아닌 양수일 때 $y=\log_a x$를 a를 밑으로 하는 로그함수라 한다. 로그함수는 지수함수와 $y=x$에 대해 대칭이다.

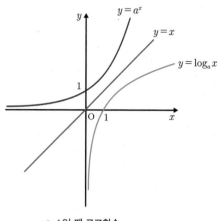

$a > 1$일 때 로그함수

따라서 지수함수의 역함수는 로그함수이다. 위 그래프를 보면 로그함수 $y=\log_a x$는 점 $(1, 0)$을 지난다는 것을 알 수 있다. 그렇다면 $0 < a < 1$일 때 로그함수는 어떻게 그릴까? 먼저 지수함수의 그래프를 보면서 로그함수를 보자. 로그함수는 지수함수와 $y=x$를 대칭으로 그리면 된다.

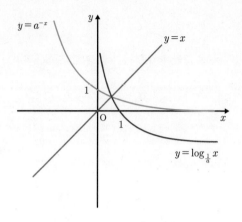

로그함수를 그리면 정의역은 양의 실수 전체가 되는 것을 알 수 있다. 점$(1,\ 0)$을 지나며 $a > 1$일 때 x값이 증가하면 y값도 증가한다. $0 < a < 1$일 때 x값이 증가하면 y값은 감소한다.

지수함수를 그리지 않고 x축과 y축에 대칭이동한 로그함수 그래프를 그리면 다음과 같다.

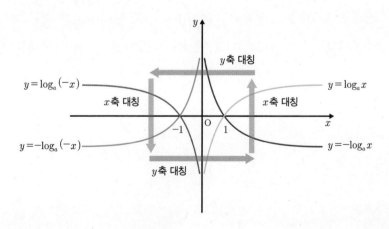

가장 기본형들이니 꼭 기억해두자.

다음 그림에서 규칙을 찾아 원 안의 ?를 구하세요.

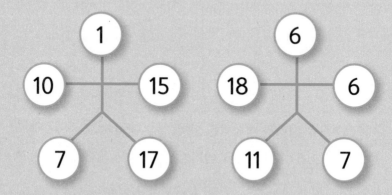

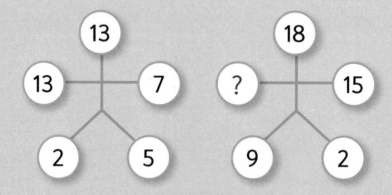

32

답 223p

제4장

수열

    수열은 규칙에 따라 차례로 나열한 수의 열이다. 1, 2, 3은 숫자의 크기가 작은 수를 가장 먼저 쓰고 3을 가장 나중에 쓴 것이다. 이것은 엑셀을 이용하여 각 셀에 수를 대입한 후 오름차순으로 나열해도 된다. 혹시 학교 다닐 때 키 순으로 출석번호를 배정받은 경험이 있을 것이다. 이 또한 수열이다.

    특정 날짜를 기준으로 업무 계획과 성과를 확인하는 것도 수열의 한 방법이다. 집합도 수열의 한 방법으로 볼 수 있다. 다만 원소의 순서대로 차례로 오름차순하여 나열한 것이며, 집합은 규칙이라기보다 해를 정확하게 표기한 것이기 때문에 방정식의 근의 의미에 가깝다. 하지만 만약 집합이 함수에 따른 규칙이라면 수열로 볼 수도 있다.

통계에서 변량을 알고 분포를 파악할 때 수열이 쓰이기도 하므로 수열은 독립된 부분은 아니다.

등차수열

아이큐 테스트^{I.Q Test}에도 나올 만한 문제를 하나 살펴보겠다.

2, 5, 8, 11, □, 17, …에서 빈 칸에 들어갈 숫자는 무엇일까? 처음 2와 5는 3의 차이가 나고, 5와 8도 3의 차이가 나므로 11 다음의 수는 14라는 것이 짐작이 갈 것이다. 여기서 2, 5, 8, 11, 14, 17과 같은 수 하나하나를 항이라 한다. 나열한 이 수들은 3의 차이만큼 증가하는 수열이라는 것을 확인할 수 있다. 그렇다면 이 수열을 하나의 식으로 표기하여 첫 번째 항이 어떤 수인지, 100번째 항의 수가 어떤 수인지 알 수 있지 않을까?

그래서 나온 공식이 $a_n = a_1 + (n-1)d$라는 공식이다. 이 공식을 알고 있으면 몇 번째에 어떤 수가 나열될지 알 수 있다. 2, 5, 8, 11, 13, 17, …에서 첫 번째 항은 2이므로 a_1은 2이다. d는 공차이다. 즉 3이다.

$$a_n = a_1 + (n-1)d$$

첫 번째 항 2   공차 3

위의 공식에 첫 번째 항과 공차를 대입하면 $a_n = 3n - 1$이라는 일반항이 완성된다. 일반항을 통해 100번째 항을 구하면 299가 된다. 1000번째 항은 2999이다. 이처럼 등차수열은 일반항을 구할 때 몇 번째 항이라도 그 수가 무엇인지 알 수 있다.

계속해서 $-1, -3, -5, -7, \cdots$을 보자. 이 수열은 점점 감소하는 수열이다. 숫자가 점점 작아지는 것이다. 이 수열에서도 일반항을 구하려면 첫 번째 항은 -1, 공차는 -2이므로 $a_n = -2n+1$인 것을 알 수 있다.

세 수 a, b, c가 등차수열이면 a, c를 이용해 b를 구할 수 있을까? 이때는 b는 a와 c의 평균이라 생각하면 된다. 따라서 $b = \dfrac{a+c}{2}$이다. 이때의 b를 등차중항이라 한다. 여기에서 알 수 있는 것은 a, b, c가 등차수열이므로 $b-a = c-a$, 즉 등차라는 것이다.

등차수열에서 또 하나 알 수 있는 것이 있다. 바로 등차수열의 합이다.

첫 번째 항이 1이고 공차가 2인 등차수열에서 15번째 항까지 합을 구해보자. $1+3+5+\cdots+25+27+29$까지의 합을 구하면 되는데 합의 기호로 S_n을 쓴다. S_n을 두 가지 형태로 나타내면 다음과 같다.

$S_n = 1+3+5+\cdots+25+27+29$와

$S_n = 29+27+25+\cdots+5+3+1$

이 두 가지를 서로 더한다.

$$S_n = 1+3+5+\cdots+25+27+29$$
$$+ \underline{\quad S_n = 29+27+25+\cdots+5+3+1 \quad}$$
$$2S_n = 30+30+30+\cdots+30+30+30$$

$$\therefore \ S_n = 30 \times 15 \times \frac{1}{2} = 225$$

식이 복잡해보일 것이다. 그래서 이번에는 이것을 하나의 공식으로 나타내보자. 위의 식을 살펴보면 S_n의 첫 번째 항 1과 마지막항 29를 더한 것을 항의 수에 곱해서 2로 나눈 것이 된다. 그렇다면 공식은 다음과 같이 만들어진다.

$$S_n = \frac{n(a_1 + a_n)}{2}$$

그리고 a_n 대신 $a_1 + (n-1)d$를 대입하면 $S_n = \dfrac{n\{(2a_1 + (n-1)d\}}{2}$로 또다른 식을 만들 수 있다.

S_n을 $a_1 + a_2 + a_3 + \cdots + a_n$으로 나타내는 것은 이미 알고 있다. S_{n-1}은 $a_1 + a_2 + a_3 + \cdots + a_{n-1}$으로 나타낸다. S_n에서 S_{n-1}을 빼면 무엇이 남겠는가? a_n이 남고 나머지 항은 소거된다. 따라서 이것도 하나의 공식이 된다.

$$a_n = S_n - S_{n-1} \ (n \geq 2)$$

n이 2 이상인 것은 일반항에 1을 대입하면 $a_1 = S_1 - S_0$인데 S_0이라는 것은 모순이기 때문이다. 따라서 n은 2부터 시작한다. 이때 첫 번째 항인 a_1은 S_1으로 써도 관계가 없다. 첫 번째 항은 첫 번째 항까지의 합과 같다는 것을 의미하기 때문이다. 1이 첫 번째 항이면 여러분은 첫 번째 항까지 합을 어떻게 쓰겠는가? 당연히 1이 된다.

등비수열

  2, 4, 8, 16, …인 수열이 있다. 이 수열에서 첫 번째 항과 두 번째 항은 두 배의 차이가 난다. 세 번째 항과 네 번째 항도 두 배이므로 각 항은 앞 항의 두 배인 것을 알 수 있다.

$$\underset{2배}{2 \curvearrowright} \underset{2배}{4 \curvearrowright} \underset{2배}{8 \curvearrowright} 16 \quad \cdots$$

  이와 같이 앞 항과 각 항이 두 배의 차이를 보이는 것을 공비라 한다. 기호로는 r로 나타낸다. 여기서는 2가 r이다. 그래서 등비수열은 $a_n = a_1 r^{n-1}$이 공식이 된다. 따라서 a_n은 2^n이 된다.

  세 수 a, b, c가 등비수열일 때 b는 등비중항이다. 등비는 $\dfrac{a}{b} = \dfrac{b}{c}$이며 등식의 성질에 따라 $b^2 = ac$가 성립한다.

  계속해서 등비수열의 합에 대해 알아보자.

  등비수열은 일반적으로 등비가 r이면 a_1, $a_1 r$, $a_1 r^2$, $a_1 r^3$, … 으로 나타낸다. n번째 항까지의 합은 $S_n = a_1 + a_1 r + a_1 r^2 + a_1 r^3 \cdots + a_1 r^{n-1}$으로 나타난다. 여기에 항의 양변에 r을 곱하면 $rS_n = a_1 r + a_1 r^2 + a_1 r^3 + a_1 r^4 \cdots + a_1 r^n$이 된다.

  이제 이 두 식을 빼면 다음과 같다.

$$
\begin{aligned}
S_n &= a_1 + a_1 r + a_1 r^2 + a_1 r^3 \cdots + a_1 r^{n-1} \\
- \ rS_n &= a_1 r + a_1 r^2 + a_1 r^3 + a_1 r^4 \cdots + a_1 r^n \\
\hline
(1-r)S_n &= (1-r^n)a_1
\end{aligned}
$$

$$\therefore S_n = \frac{a_1(1-r^n)}{1-r} \quad \text{또는} \quad \frac{a_1(r^n-1)}{r-1}$$

만약 r이 1이라면 공비는 1이며 $a_1,\ a_1,\ a_1,\ \cdots,\ a_1$이므로 등비수열의 합은 $S_n = na_1$이다. 따라서 항의 수만큼 곱한 것이다.

합의 기호를 나타내는 $\sum$ (시그마)

수열에서 합의 기호를 나타내는 기호는 $\sum$로 쓰고, 시그마^{sigma} 또는 섬에이션^{summation}으로 읽는다. 이것은 항을 모두 더한다는 의미이다. 시그마는 표준편차를 의미하는 σ도 있어 헷갈리는 용어이기도 하다.

$a_1 + a_2 + a_3 + \cdots + a_n$을 시그마를 사용해 하나의 기호로 나타내면 $\sum\limits_{k=1}^{n} a_k$이 된다. 만약 열 번째 항까지의 합이면 n에 10을 넣어서 $\sum\limits_{k=1}^{10} a_k$로 나타내면 된다.

시그마의 세 가지 성질은 다음과 같다.

(1) $\displaystyle\sum_{k=1}^{n}(a_k \pm b_k) = \sum_{k=1}^{n} a_k \pm \sum_{k=1}^{n} b_k$ (복부호동순)

(2) $\displaystyle\sum_{k=1}^{n} ca_k = c\sum_{k=1}^{n} a_k$ (c는 상수)

(3) $\displaystyle\sum_{k=1}^{n} c = nc$ (c는 상수)

(1)번은 $\sum$가 꼭 분리되는 것처럼 보이며 하나의 성질이다. 시그마 안의 a_k+b_k가 복잡할 때 나누어서 식을 계산해도 된다는 것을 나타낸다.

(2)번은 상수 c는 밖으로 끄집어내는 것을 의미한다.

(3)번은 간단한 식이다.

이 세 가지 성질은 이런 성질이 있다는 정도만 기억해두면 되지만 아래의 거듭제곱의 합은 꼭 알아두어야 할 것이니 외우자.

$$(1)\ \sum_{k=1}^{n} k = 1+2+3+4+\cdots+n = \frac{n(n+1)}{2}$$

$$(2)\ \sum_{k=1}^{n} k^2 = 1^2+2^2+3^2+4^2+\cdots+n^2 = \frac{n(n+1)(2n+1)}{6}$$

$$(3)\ \sum_{k=1}^{n} k^3 = 1^3+2^3+3^3+4^3+\cdots+n^3 = \left\{ \frac{n(n+1)}{2} \right\}^2$$

위의 세 가지 공식을 잊으면 난이도 높은 문제를 풀 때 타격을 입을 수 있으므로 항상 떠올릴 수 있을 정도로 꼭 기억해두자. 오죽하면 수열의 합에서는 이 세 가지 공식이 전부라고 하겠는가?

피보나치 수열

0, 1, 1, 2, 3, 5, 8, 13, 21…… 형태의 수열이 있다. 첫 번째 항의 값이 0이고 두 번째 항의 값이 1일 때 세 번째 항은 1이다. 즉 첫 번째 항과 두 번째 항을 더한 것이 세 번째 항의 결과이다. 그렇다면 네 번째 항은 얼마일까? 두 번째 항과 세 번째 항을 더한 것임을 알 수 있다.

이처럼 이후의 항들은 이전의 두 항을 더한 값으로 나타내어 만들어지는 수열이 있는데 이를 피보나치 수열이라고 한다. 피보나치 수열의 공식은 다음과 같다.

$$f_n = f_{n-1} + f_{n-2} \quad (\text{단}, \ f_0 = 0, \ f_1 = 1, \ n = 2, \ 3, \ 4, \ \cdots.)$$

이것을 해석하면 「이전의 두 항을 더한 값이 이후의 항이다」이다. 이제 자연의 섭리에서 이러한 피보나치 수열을 찾아보자.

식물의 92%는 꽃잎의 개수가 1장, 2장, 3장, 5장, 8장, 13장, 21장, …의 피보나치 수열에 따라 이루어져 있다. 자연의 세계도 이렇게 수학적 원리가 살아 숨쉬고 있는 것이다. 정말 놀라운 일이 아닐 수 없다.

꽃잎의 개수

꽃잎이 1장인 나팔꽃

꽃잎이 2장인 등대꽃

꽃잎이 3장인 칸나

꽃잎이 5장인 채송화

꽃잎이 8장인 코스모스

꽃잎이 13장인 카모마일

꽃잎이 21장인 치커리

제5장
식의 계산

식^{式}은 계산만 정확히 하면 좋겠지만 가끔 공식도 알고 있어야 한다. 공식을 안다는 것은 더 빠르고 정확하게 계산할 수 있다는 것을 의미하기 때문이다. 너무나 당연한 이야기지만 식의 계산은 연습장 꺼내놓고 푸는 것이 가장 올바른 방법이다.

다항식! 공식이라기보다는 하나의 연습이다

다항식을 먼저 접하면 곱셈공식이라는 것에 부닥치게 된다. 여러 항이 묶인 것을 하나로 풀어서 나열하는 곱셈공식 중 대체적으로 많이 쓰이는 것은 다섯 가지가 있다.

순서를 지키기만 한다면 어렵지 않으며 전개할 때는 꼭 알파벳 순서대로 해야 한다는 것을 명심하자.

(1) $(ax+b)(cx+d)=acx^2+(ad+bc)x+bd$

(2) $(a \pm b)^3=a^3 \pm 3a^2b+3ab^2 \pm b^3$

(3) $(a+b)(a^2-ab+b^2)=a^3+b^3$

(4) $(a-b)(a^2+ab+b^2)=a^3-b^3$

(5) $(a+b+c)^2=a^2+b^2+c^2+2ab+2bc+2ca$

(6) $(x+a)(x+b)(x+c)$

$\quad =x^3+(a+b+c)x^2+(ab+bc+ca)x+abc$

(1)번 $(ax+b)(cx+d)$를 직접 전개해보자.

$$(ax+b)(cx+d)=acx^2+adx+bcx+bd$$

$$=acx^2+(ad+bc)x+bd$$

전개해보니 굳이 외울 필요가 없다는 것을 알게 된다. 공식이지만 전개만 주의해서 풀면 된다.

(2)번은 $(a+b)^3$과 $(a-b)^3$을 전개한 식인데 머릿속에 기억하는 것이 활용에 유리하다. 지금부터 $(a+b)^3$을 $(a+b)$가 세 번 곱한 식으로 나타내고 직접 전개해보자.

$$(a+b)^3=(a+b)(a+b)(a+b)$$

두 항을 먼저 전개하면

$$=(a^2+2ab+b^2)(a+b)$$

$$=a^3+a^2b+2a^2b+2ab^2+ab^2+b^3$$

동류항끼리 더한 후 정리하면

$$=a^3+3a^2b+3ab^2+b^3$$

$(a-b)^3$도 전개하면 $a^3-3a^2b+3ab^2-b^3$이 되는 것을 확인할 수 있다.

(3)번에서 (6)번까지도 전개하면 증명이 된다.

이제 곱셈공식의 반대가 되는 인수분해에 대해 알아보자. 당연한 이야기지만 인수분해와 곱셈공식의 관계는 다음과 같이 나타낸다.

$$(ax+b)(cx+d) \xrightarrow{\text{곱셈공식}} \xleftarrow{\text{인수분해}} acx^2+(ad+bc)x+bd$$

인수분해는 다항식을 두 개 이상의 항으로 묶는 것을 말하며 공식은 다음과 같다.

(1) $acx^2+(ad+bc)x+bd=(ax+b)(cx+d)$

(2) $a^3 \pm 3a^2b+3ab^2 \pm b^3=(a \pm b)^3$

(3) $a^3+b^3=(a+b)(a^2-ab+b^2)$

(4) $a^3-b^3=(a-b)(a^2+ab+b^2)$

(5) $a^2+b^2+c^2+2ab+2bc+2ca=(a+b+c)^2$

(6) $x^3+(a+b+c)x^2+(ab+bc+ca)x+abc$

$\qquad =(x+a)(x+b)(x+c)$

여러분도 알아챘는가? 그렇다. 방금 본 곱셈공식을 거꾸로 한 것이다. 인수분해 공식은 제대로 기억해두는 것이 낫다. (7)번은 하나 더 기억해야 할 인수분해 공식으로, 많이 활용되고 있다.

(7) $a^3+b^3+c^3-3abc$

$$=(a+b+c)(a^2+b^2+c^2-ab-bc-ca)$$

유리식

x는 항이 하나인 단항식이다. 그러나 $x+0$으로 생각하면 x라는 항과 0이라는 상수항이므로 다항식이 된다. 즉 단항식은 다항식에 포함된다.

계속해서 다항식에 대해 살펴보자. 다항식 x에 $\dfrac{1}{2}$을 곱한다면 $\dfrac{1}{2}x$가 되는데 분자에 x인 미지수가 붙고 분모는 유리수 2임을 알 수 있다. 반면에 $\dfrac{2}{x}$는 어떨까? 분모에 x, 분자에 2가 있다. 이것은 다항식이 아닌 분수식이다. $\dfrac{x^2+3x+7}{x+1}$도 분모와 분자에 다항식이 있는데 약분도 되지 않고 간단히 해도 그대로인 만큼 이것도 분수식이 된다.

사실 다항식은 오히려 계산이 간단하고 풀기가 쉬운 편이다.

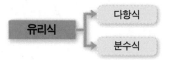

유리식 ─ 다항식
      └ 분수식

그러나 분수식은 통분할 때도 그렇고 계산이 복잡할 때가 많다. 그리고 유리식이 다항식과 분수식으로 나누어져 있으나 유리식은 유리수와 성질이 비슷한 만큼 공식을 잊었다 해도 유리수의 성질을 조금만 더 적용해도 풀리는 것이 많다. 이는 특히 증명할 때 유용하다.

유리식은 통분할 때 유리수와 같은 방법으로 생각한다!

유리수에 사칙연산이 있듯이 유리식도 사칙연산이 있다.

$\dfrac{2}{3} + \dfrac{5}{3}$ 를 계산하기 위해서는 분모를 한데 묶어 $\dfrac{2+5}{3}$ 즉 $\dfrac{7}{3}$ 이 되는 것은 여러분도 이미 알고 있다. 분모가 같으므로 분자끼리 더한 것이다. 이 문제는 초등학생 3학년만 되어도 충분히 풀 수 있다.

그러면 유리식 $\dfrac{x+2}{x+1} + \dfrac{x+3}{x+1}$ 을 계산해보자.

분모가 $x+1$로 같으며 분자는 서로 다르다. 분모인 $x+1$은 0이 아니므로 x는 -1이 아님을 항상 조건에서 생각하고 접근해야 한다. 이제 계산해보자.

$$\frac{x+2}{x+1} + \frac{x+3}{x+1} = \frac{x+2+x+3}{x+1}$$

$$= \frac{2x+5}{x+1}$$

이런 문제만 나온다면 수학의 세계는 아름다울 것 같다.

이제 $\dfrac{x+2}{x+1}+\dfrac{2x+1}{x+3}$ 을 계산해보자.

이 문제는 분모가 다른 두 항의 덧셈이 되었다. 이것을 풀기 전에 $\dfrac{3}{2}$ $+\dfrac{4}{3}$ 를 계산해보자. 정수가 아닌 유리수의 계산이므로 통분이 먼저 떠오를 것이다. 2와 3의 최소공배수는 6이므로 통분하면 분모가 6이라는 것을 알 수 있다. 계산 과정은 다음과 같다.

$$\frac{3}{2}+\frac{4}{3}=\frac{3\times3}{2\times3}+\frac{4\times2}{3\times2}$$

$$=\frac{9+8}{6}$$

$$=\frac{17}{6}$$

여기서 살펴볼 것은 분모를 6으로 통분하기 위해 분모에 3과 2를 각각 곱해주었다는 것이다. 이제 다시 $\dfrac{x+2}{x+1}+\dfrac{2x+1}{x+3}$ 로 돌아가보자. $x+1$에는 $x+3$을, $x+3$에는 $x+1$을 곱하면 통분이 된다. 또 x는 미지수이지만 상수로 생각하면 $x+1$과 $x+3$은 서로소라는 것을 알 수 있다. 계산 과정은 다음과 같다.

$$\frac{x+2}{x+1}+\frac{2x+1}{x+3}=\frac{(x+2)(x+3)}{(x+1)(x+3)}+\frac{(2x+1)(x+1)}{(x+3)(x+1)}$$

$$=\frac{x^2+5x+6+2x^2+3x+1}{(x+1)(x+3)}$$

$$=\frac{3x^2+8x+7}{x^2+4x+3}$$

이처럼 유리식의 계산은 통분이 중요하다. 이때 꼭 기억해야 할 점은 분모인 $x+1$과 $x+3$은 0이 아니어야 하므로 x는 -1과 -3이 아니라는 것이다(그래서 단 $x \neq -1$, $x \neq -3$이라는 조건이 붙게 된다).

부분분수분해도 유리수의 계산을 생각한다!

우선 부분분수분해 공식을 보자.

$$\frac{1}{AB} = \frac{1}{B-A}\left(\frac{1}{A} - \frac{1}{B}\right)$$

이 공식에 숫자를 대입해 증명하고자 한다면 $\frac{1}{8}$을 $\frac{1}{1 \times 8}$로 나타낼 수 있다. 그렇게 되면 A는 1이고, B는 8이다.

$$\frac{1}{1 \times 8} = \frac{1}{8-1}\left(\frac{1}{1} - \frac{1}{8}\right)$$
$$= \frac{1}{7} \times \frac{7}{8} = \frac{1}{8}$$

$\frac{1}{8}$의 분모를 2곱하기 4로 나타내어 생각하면 A는 2이고, B는 4이다.

$$\frac{1}{2 \times 4} = \frac{1}{4-2}\left(\frac{1}{2} - \frac{1}{4}\right)$$
$$= \frac{1}{2} \times \frac{1}{4} = \frac{1}{8}$$

이때도 부분분수분해가 되기 위한 조건이 있는데, AB가 0이 아니고 A와 B는 서로 다르다.

무리식

무리식이란 근호 안에 문자가 포함되어 있는데 유리식으로 나타낼 수 없는 식을 말한다.

$\sqrt{x^2+3x+8}$ 이나 $\dfrac{7}{\sqrt{x+1}}$, $x^3+3x+2\sqrt{x^5+4x+6}$ 같은 식이 무리식이며 무리식에는 분모의 유리화가 중요하다. 분모의 유리화가 되어야 계산이 수월하기 때문이다.

(1) $\dfrac{c}{\sqrt{a}-\sqrt{b}} = \dfrac{c(\sqrt{a}+\sqrt{b})}{(\sqrt{a}-\sqrt{b})(\sqrt{a}+\sqrt{b})} = \dfrac{c(\sqrt{a}+\sqrt{b})}{a-b}$

(2) $\dfrac{c}{\sqrt{a}+\sqrt{b}} = \dfrac{c(\sqrt{a}-\sqrt{b})}{(\sqrt{a}+\sqrt{b})(\sqrt{a}-\sqrt{b})} = \dfrac{c(\sqrt{a}-\sqrt{b})}{a-b}$

다시 한번 강조하건데 분모를 유리화하는 이유는 계산을 하기 위한 것과 분모를 유리수로 바꾸어 나타내기 위한 두 가지 목적이 있다.

$\dfrac{1}{\sqrt{2}-\dfrac{1}{\sqrt{2}-\dfrac{1}{\sqrt{2}-1}}}$ 을 풀어보자. 분모에 무리식이 있다.

$\sqrt{2}-\dfrac{1}{\sqrt{2}-\dfrac{1}{\sqrt{2}-1}}$ 인 분모의 무리식을 유리화해야 한다.

이렇게 복잡하게 보이는 무리식은 가장 아래에 있는 무리식부터 유리화 한다.

$$\sqrt{2} - \cfrac{1}{\sqrt{2} - \cfrac{1}{\sqrt{2} - 1}}$$

제일 먼저
분모의 유리화를 한다.

$\cfrac{1}{\sqrt{2} - 1}$ 의 유리화 과정은 다음과 같다.

$$\frac{1}{\sqrt{2} - 1} = \frac{1 \cdot (\sqrt{2} + 1)}{(\sqrt{2} - 1)(\sqrt{2} + 1)} = \sqrt{2} + 1$$ 이 된다.

그 결과 다음과 같이 된다.

$$\sqrt{2} - \cfrac{1}{\sqrt{2} - \cfrac{1}{\sqrt{2} - 1}} = \sqrt{2} - \frac{1}{\sqrt{2} - (\sqrt{2} + 1)} = \sqrt{2} + 1$$

유리화하여 대입!

따라서,

$$\cfrac{1}{\sqrt{2} - \cfrac{1}{\sqrt{2} - \cfrac{1}{\sqrt{2} - 1}}}$$ 을 풀면 결과는 $\sqrt{2} - 1$ 이 된다.

 puzzle 4   빈 칸에 알맞은 숫자를 넣어 보세요.

	A	B	C	D
E	27	12	2	63
F	19	10		8
G	3	4	2	
H	30	28	18	17

답 223p

제 6장

함수의 첫걸음

집합 X의 원소를 x_1, x_2, x_3, …로 하고 집합 Y의 원소를 y_1, y_2, y_3로 하자. 이때 X에서 Y의 원소가 하나씩 대응되면 X에서 Y로의 함수^{fuction}라 한다. 함수는 X와 Y의 짝짓기 대응이라고도 할 수 있다. 나의 X로 상대방의 Y에 맞추는 것을 함수로 이해해도 좋다. 아니면 원소 x가 f라는 변환을 통해 y가 되었다고 볼 수도 있다.

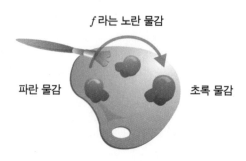

f 라는 노란 물감

파란 물감　　　　　　초록 물감

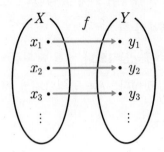
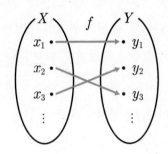

함수에서 집합 X는 정의역이라고 부르며 원소의 개수는 무한개 또는 유한개이다. 오른쪽에 있는 집합 Y는 공역이라고 한다. 공역의 개수도 무한개 또는 유한개이다. 함수는 f에 의해 x가 y로 대응되는 것이며 지금부터 이것을 자세히 알아보자.

집합 $X = \{1,\ 2,\ 3\}$을 통해 확인해보자. 이는 정의역이다. 계속해서 이 집합에 대응하는 함수 $f(x)$를 $2x+1$로 하자. 원소가 3개이므로 x에 1, 2, 3을 대입하면 $Y = \{3,\ 5,\ 7\}$이다. 이것은 공역이다. 그림으로는 오른쪽 **그림1**처럼 나타내면 된다.

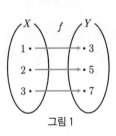

그림 1

정의역 원소 하나하나에 공역 원소가 하나씩 대응한 것을 확인할 수 있다. 이런 대응을 일대일 $(1:1)$ 대응이라 한다. 그러나 모든 함수가 일대일 대응인 것은 아니다.

오른쪽 **그림2**를 살펴보자.

정의역의 원소는 $a,\ b,\ c$이고 공역의 원소는

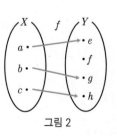

그림 2

e, f, g, h이다. 이 중 f는 공역이지만 대응이 되어 있지 않다. 그렇다면 나머지 세 개의 원소와 어떻게 구별해야 할까?

이미 알고 있겠지만 우선 e, f, g, h는 공역이다. f를 제외한 e, g, h는 치역이라 부른다. 이제 구별이 될 것이다. f는 공역이지만 치역은 아니다. 즉 치역⊑공역이다.

오른쪽 함수를 보자.

정의역 X에서 네 개의 원소 중 b에 대응하는 Y의 원소가 없다. 따라서 이것은 함수가 아니다. 함수가 되려면 정의역의 원소가 한 개이든 여러 개이든 모두 대응되어야 한다. 계속해서 다음 함수를 보자.

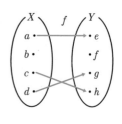

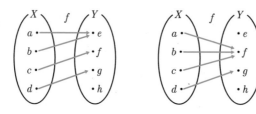

여러 개의 정의역 원소가 한 개의 공역 원소에 대응해도 함수관계는 성립한다.

함수관계가 성립하느냐 아니냐의 그림은 다음 그림을 보면 한눈에 이해가 갈 것이다.

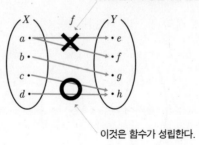

이것은 함수가 성립하지 않는다.

이것은 함수가 성립한다.

그렇다면 좌표평면에 함수의 그래프를 나타내면 함수가 아닌 것을 그림으로 알 수 있을까?

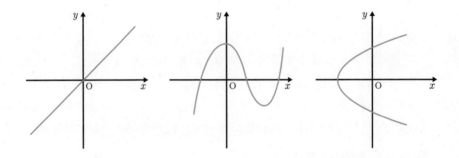

세 개의 그래프 중 세 번째 그래프는 정의역 하나에 공역이 두 개임을 눈으로 알 수 있다. 따라서 함수가 아니다.

도트로 나타내는 합성함수

두 함수 $f:X{\rightarrow}Y$, $g:Y{\rightarrow}Z$에 대해 X의 각 원소 x에 Z의 원소 $g(f(x))$를 대응시키는 새로운 함수를 합성함수라 한다. 합성함수의 기호는 도트(∘)를 사용한다.

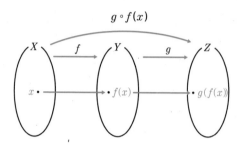

그리고 합성함수는 성질이 있다. 이 성질 몇 가지는 대입하여 생각하면 증명이 크게 어렵지는 않다.

(1) **결합법칙**이 성립한다. 즉 $(f \circ g(x)) \circ h(x) = f \circ (g \circ h(x))$이다.

(2) **교환법칙**이 성립하지 않는다. 즉 $f \circ g(x) \neq g \circ f(x)$이다.

(3) **항등함수** $I(x)$에서 $f \circ I(x) = I \circ f(x) = f(x)$이다.

(1)은 $f(x)$를 $2x+1$로, $g(x)$를 $3x-1$로, $h(x)$를 $4x^2-1$로 하여 직접 대입해 증명한다. 먼저,

좌변의 $(f \circ g(x)) \circ h(x) = f(3x-1) \circ h(x)$

$$= \{2(3x-1)+1\} \circ h(x)$$

$$= (6x-1) \circ h(x)$$

$$= 6(4x^2-1)-1$$

$$= 24x^2-7$$

우변의 $f \circ (g \circ h(x)) = f \circ (g(4x^2 - 1)$

$$= f \circ \{(3(4x^2 - 1) - 1)\}$$

$$= f \circ (12x^2 - 4)$$

$$= 2(12x^2 - 4) + 1$$

$$= 24x^2 - 7$$

좌변과 우변이 같으므로 결합법칙이 성립해 (1)은 증명이 된다.

(2)는 $f(x)$를 $2x + 1$로, $g(x)$를 $3x - 1$로 하여 직접 증명한다. 우선

좌변의 $f \circ g(x) = f(3x - 1)$

$$= 2(3x - 1) + 1$$

$$= 6x - 1$$

우변의 $g \circ f(x) = g(2x + 1)$

$$= 3(2x + 1) - 1$$

$$= 6x + 2$$

좌변과 우변이 다르므로 교환법칙은 성립하지 않는다. 따라서 (2)도 증명이 된다.

(3)을 증명하려면 항등함수가 무엇인지 알아야 한다. 항등함수는 모든 정의역에 대해 치역이 그대로 나오는 함수이다. 즉 x가 $f(x)$가 되므로 x는 $f(x)$이다. 정의역에 1을 넣으면 1이 치역으로 되는 것이다.

좌변의 $f \circ I(x)$는 $f(I(x))$이므로 $f(x)$이다. 우변의 $I \circ f(x)$는 그대로 $f(x)$가 된다. 좌변과 우변이 같으므로 (3) 또한 증명이 된다.

역함수! 거꾸로 된 함수로 이해한다.

f에 의해 다시 되돌아온다!

역함수는 함수 $f : X \to Y$가 일대일대응이면 Y의 각 원소 y에 X의 원소 x를 대응시키는 함수를 말하며 $f^{-1}(y) = x$로 나타낸다.

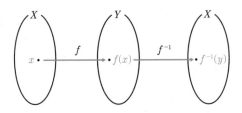

그러니까 만약 x가 공기오염이라는 변수이면 y는 호흡기질환이 되는, 정의역이 원인이면 공역은 결과가 된다. 역함수는 거꾸로 호흡기질환의 원인은?을 물어보는 것이다. 즉 정의역을 찾는 것이다.

$y = \dfrac{1}{x-1}$ 이라는 함수가 있을 때 역함수를 구하려면 다음 순서를 꼭 기억해두자.

  (1) $y = f(x)$가 일대일대응인지 확인한다.

  (2) x와 y를 바꾼다.

  (3) y에 관한 식으로 정리한다.

  (4) y 대신 $f^{-1}(x)$로 쓰면 역함수가 된다.

(1)에서 $y = \dfrac{1}{x-1}$ 이 일대일대응인지는 그래프를 그려보면 된다.

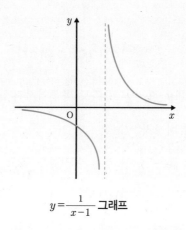

$$y = \frac{1}{x-1} \text{ 그래프}$$

일대일대응인 것을 알 수 있다. 왜냐하면 하나의 x에 여러 개의 y가 대응되지 않기 때문이다. 이제 (2)에서 $y = \frac{1}{x-1}$ 을 x와 y를 바꿔보자. $x = \frac{1}{y-1}$ 이 된다.

계속해서 (3)에서 y에 관한 식으로 정리해보자. 이것을 눈으로만 풀기는 어렵다.

$$x = \frac{1}{y-1}$$

x와 y를 바꾸면(여기서 checkpoint! 확인할 것)

$$y - 1 = \frac{1}{x}$$

y에 관해 정리하면

$$y = \frac{1}{x} + 1$$

이제 (4)에서 y 대신 f^{-1}를 써주면 $f^{-1}(x) = \frac{1}{x} + 1$이며 역함수가 완성됐다.

$x = \dfrac{1}{y-1}$ 이 $y-1 = \dfrac{1}{x}$ 로 바로 바꾸어지지 않는다면 비례식의 성질을 떠올려보자.

1:2의 비의 값은 $\dfrac{1}{2}$ 인 것은 여러분도 알고 있다. 그렇다면 $\dfrac{2}{4}$ 도 같으므로 $\dfrac{1}{2} = \dfrac{2}{4}$ 와 같다.

이것은 초등학생도 이미 알고 있다. 좌변은 기약분수고 우변은 약분하기 전의 분수이다.

그런데 주목해야 할 부분이 있다. 좌변의 1과 우변의 4의 곱은 좌변의 2와 우변의 2의 곱과 4라는 같은 값을 가지게 된다.

$$\frac{1}{2} \underset{②}{\overset{①}{\diagup\!\!\!\!\diagdown}} = \frac{2}{4}$$

1×4=2×2인 것이다. 하나 더 예를 살펴보자.

$$\frac{3}{7} \underset{②}{\overset{①}{\diagup\!\!\!\!\diagdown}} = \frac{9}{21}$$

역시 3×21=7×9라는 값이 성립한다. 이제 알겠는가? 문자식도 이러한 관계는 항상 성립한다.

이제 $x = \dfrac{1}{y-1}$ 이 이러한 관계가 되는지 확인해보자. x 를 $\dfrac{x}{1}$ 로 나타내면,

$$\frac{x}{1} \overset{①}{\underset{②}{=}} \frac{1}{y-1}$$

$$x(y-1)=1\times1$$

양변을 x로 나누면

$$y-1=\frac{1}{x}$$

y에 관해 정리하면

$$\therefore \ y=\frac{1}{x}+1$$

역함수의 성질 세 가지를 소개한다. 역함수의 성질 또한 함수처럼 성질이 성립하는지 증명하면 된다. 그리고 어떠한 다른 함수식을 접하면 역함수의 성질이 성립하는지 확인하는 것도 함수에 관한 이해력을 높이는데 큰 걸음이 된다.

또 하나 기억할 것이 있다. 일대일대응인지 꼭 확인하자. 일대일대응이 성립하지 않는 함수는 역함수가 존재할 리 없기 때문이다.

(1) $(f^{-1})^{-1}(x)=f(x)$

(2) $f \circ f^{-1}(x)=f^{-1} \circ f=I(x)$

(3) $(f \circ g)^{-1}(x)=g^{-1} \circ f^{-1}(x)$

(1), (2), (3)이 성립하는 이유를 증명하는 것은 중요하다. 수학은 증명을 통해 이해한 후 그것을 기억하는 것이 가장 낫기 때문이다.

$f(x)$를 $2x+7$이라고 했을 때 $f^{-1}(x)$는?

갑자기 생각이 나지 않는다면 머릿속으로만 풀려고 하지 말고 연습장을 꺼내 풀어보는 것이 좋다.

$$y = 2x + 7$$

$$2x = y - 7$$

$$x = \frac{y - 7}{2}$$

x와 y를 바꾸면

$$y = \frac{x - 7}{2}$$

따라서 $f^{-1}(x) = \dfrac{x - 7}{2}$ 이다. 이제 $f^{-1}(x)$의 역함수를 구해보자.

$$f^{-1}(x) = \frac{x - 7}{2}$$

$$x = 2f^{-1}(x) + 7$$

x와 $f^{-1}(x)$를 바꾸면

$$f^{-1}(x) = 2x + 7$$

따라서 $(f^{-1})^{-1}(x) = 2x + 7$

역함수를 두 번 구하니 다시 원래의 함수인 $f(x)$로 돌아왔다.

그렇다면 (1)번이 성립하는 것을 알 수 있다. 이것을 그림으로 확인해 보자.

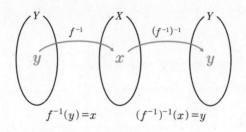

$$f^{-1}(y) = x \qquad (f^{-1})^{-1}(x) = y$$

부정의 부정은 긍정인 것처럼 역함수의 역함수는 원래 함수가 된다.

(2)는 $f \circ f^{-1}(x)$와 $f^{-1} \circ f(x)$으로 교환법칙이 성립되면 항등함수라는 것이다. 여기서는 $f(x) = 2x + 7$을 적용할 수 없다. 결과가 항등함수로 나오며 이는 교환법칙으로 인하여 항등함수가 되기 때문이다.

이것도 그림으로 보면 $f \circ f^{-1}(x) = y$이고 $f^{-1} \circ f(x) = x$이므로 두식이 같아 $y = x$이며 항등함수 $I(x)$가 된다.

(3)은 $(f \circ g)^{-1}(x) = g^{-1} \circ f^{-1}(x)$

이번에는 $f(x) = 2x + 7$, $g(x) = x - 3$을 구해보자. $f \circ g(x)$에 대입하면,

$$f \circ g(x) = 2x + 1,$$

$$(f \circ g)^{-1}(x) = \frac{x-1}{2}$$

$g^{-1} \circ f^{-1}(x)$에서 $g^{-1}(x) = x + 3$, $f^{-1}(x) = \frac{x-7}{2}$,

$g^{-1} \circ f^{-1}(x) = \frac{x-1}{2}$이므로 증명이 되었다.

여기까지 수학의 기본 개념을 이해했다면 시작이 반이 아니라 정말 기본 개념의 반을 이해한 것이니 스스로를 대견해할 시간을 갖자. 토닥토닥……

? 안에 알맞은 숫자는 무엇일까요?

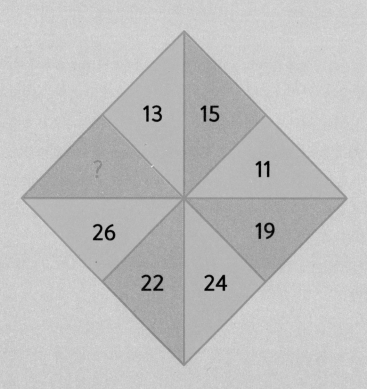

64

답 223p

제7장

방정식의 세계

　□+4=7을 물어보면 금방 □=3이라 할 것이다. 그러면 □ 대신 x를 써서 $x+4=7$일 때 x가 3임을 알 수 있다. '암산으로 나오는 것이므로 굳이 식을 쓰지 않아도 별 거 아니구나!'란 생각이 드는가? 마찬가지 방법으로 ▲×4=8을 물어보면 ▲는 2이며 ▲ 대신 y를 써서 y는 2로 답할 수 있다.

　그러면 이번엔 방정식의 정의에 대해 알아보자. 방정식의 정의는 변수를 가지는 등식에서 변수값에 따라 참과 거짓이 되는 식을 말한다. 변수는 x, y가 되고 경우에 따라 z와 w를 쓰기도 한다. 미지수라 불리는 이 변수값을 찾아내기 위해 방정식이 필요한 것이다.

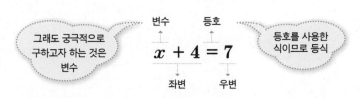

그래도 궁극적으로 구하고자 하는 것은 변수

변수　등호

$$x + 4 = 7$$

좌변　우변

등호를 사용한 식이므로 등식

방정식에서는 등호를 기준으로 왼쪽에 있는 $x+4$를 좌변, 7을 우변이라 한다. 이것은 꼭 저울과 같아서 x에 3 이외의 값을 대입하면 저울이 기우는 것처럼 등식이 성립하지 않는다. 만약 x에 2를 대입하면 좌변은 6, 우변은 그대로 7이므로 우변의 값이 더 커서 이 방정식은 거짓인 등식이 된다. 때문에 방정식은 등식임을 항상 기억하고 있어야 한다. 집합으로 나타내면 다음과 같이 간단히 나타낼 수 있다.

그림대로라면 방정식의 여집합이 있다는 의미인데 방정식의 여집합으로는 미지수가 없는 등식이 있을 것이다. 가령 3=3을 보자. 좌변과 우변이 같지만 변수가 없으므로 이것은 방정식은 아니고 등식이다.

그러면 x의 차수가 일차인 방정식만 있을까? x의 차수가 일차인 방정식을 일차방정식, x의 차수가 이차인 방정식을 이차방정식, 삼차이면 삼차방정식이 된다. 차수가 계속 올라가면 그 차수만큼 방정식은 풀어야 하는 변수가 여러 개로, 삼차방정식은 차수가 삼차일 것임을 알 수 있다.

일차방정식

일차방정식은 $ax=b$의 형태로 된, 변수가 일차인 방정식이다. 변수는 한 개이거나 없거나 무수히 많다. x가 한 개일 때는 $x=\dfrac{b}{a}$에서 a가 0이 아닐 때이다. b는 0이 되어도 a만 0이 아니면 되는 것이다. 그러면 하나의 변수를 가진다.

방정식을 풀었을 때의 x값을 해 또는 근이라고 한다. 둘 중 어느 단어를 써도 관계는 없다. x값이라 해도 이는 같은 의미이다. 수학에서는 같은 단어를 지칭할 때도 여러 대명사로 쓰므로 여러분은 같은 의미로 쓰인다는 것을 기억하면 될 것이다.

그렇다면 해가 없을 때는 언제일까?

$x=\dfrac{b}{a}$에서 a가 0이고 b가 0이 아닐 때이다. 해가 무수히 많을 때는 a와 b가 0일 때이다.

계속해서 일차방정식에서 절댓값이 붙은 문제를 살펴보자.

$|x-1|=3$을 풀어보자.

두 가지 경우가 있는데 절댓값이 양수가 붙어서 나올 때와 음수가 붙어서 나올 때이다.

(1) $|x-1|=3$

$x \geq 1$이므로

$$x-1=3$$

$$x=4$$

(2) $|x-1|=3$

$x<1$이므로

$$-(x-1)=3$$

$$-x+1=3$$

$$-x=2$$

$$x=-2$$

$$\therefore (1),\ (2)에서\ x=-2\ 또는\ 4$$

위에서 살펴보았듯이 일차방정식에 절댓값이 있어도 두 조건 (1), (2)로 나누어 풀면 된다.

이차방정식

지금부터는 좀더 복잡해지므로 다른 방식으로 설명해보고자 한다.

진희 유쌤! 이차방정식은 뭐죠?

유쌤 이차방정식은 $ax^2+bx+c=0$의 형태로 나타낼 수 있는 방정식을 말하지. 일차방정식보다 근이 하나 더 있다고나 할까? 그러나 이차방정식도 한 개의 근을 갖거나 근이 없을 수도 있단다.

이차방정식은 가장 높은 차수가 이차니까 이차방정식이잖아요? 따라서 a가 0이면 안 되겠네요?

그래. a가 0이면 $bx+c=0$이 되잖아? 그러면 일차방정식이 되지. 하지만 b가 0이면 $ax^2+c=0$이 되어 차수가 이차이므로 이차방정식이 돼. 마찬가지로 c가 0이면 $ax^2+bx=0$이므로 이차방정식이지.

민호 🙂 그러면 이차방정식도 별것 아니겠네요?

🙂 별것 아니라 그러니까 조금 걱정되는데, 일차방정식과 푸는 방법이 다르기 때문에 새로 알아볼 것이 많단다.

이차방정식을 하기 전에 인수분해를 알아야 해. 인수분해를 알아야 이차방정식의 근을 찾을 수가 있지. 아참! 이차방정식에서는 해보다는 근이라고 더 많이 불러. 그러니깐 「근을 구하여라」고 물어볼 때가 더 많지. 물론 '해'라는 표현도 쓴단다.

그리고 이차방정식에 등장하는 근의 공식은 이차방정식의 근을 쉽게 구할 수 있는 만능 공식야. 아주 유용하게 쓰인다는 것이지. 그러면 인수분해부터 알아볼까?

인수분해

$(a+b)^2$을 전개해보자. $a^2+2ab+b^2$으로 전개할 수 있다. 이는 반대로 $a^2+2ab+b^2=(a+b)^2$으로 나타낼 수도 있다. 식의 전개를 거꾸로 한 것이다. x^2+5x+6을 $(x+2)(x+3)$으로 한 것도 세 개의 항을 두 개의 다항식의 곱으로 나타낸 것이다. 이처럼 하나의 다항식을 두 개 이상의 다항식의 곱으로 나타낸 것을 인수분해라 한다.

$$a^2 + 2ab + b^2 \xlongequal[\text{식의 전개}]{\text{인수분해}} (a+b)^2$$

(곱셈공식)

인수분해에서 가장 먼저 등장하는 것이 인수이다. 35는 5와 7의 곱이며, 5와 7은 35의 약수이다. $(x+7)(x+8)$은 두 다항식의 곱으로 되어 있다. 두 다항식은 $x+7$과 $x+8$인데 이 두 개의 식이 인수이다. $3(x^2+x-6)$에서는 3과 x^2+x-6이 인수이다.

인수^{因數}란 다항식을 인수분해했을 때 곱해진 각각의 식이다. 따라서 적어도 다항식이 하나는 포함되어야 한다.

공통인수로 인수분해! 인수분해의 첫걸음

가장 쉬운 인수분해는 공통인수로 인수분해하는 것이지.

$m(a+b)=ma+mb$로 분배법칙에 의해 식을 전개하는 것은 이미 알고 있지? 식의 전개를 거꾸로 하면 $ma+mb=m(a+b)$가 되며 공통인수는 m이 되지. m은 숫자일 수도 식일 수도 있어.

예를 들어 $4a+8b$를 인수분해하면 $4(a+2b)$로 4가 공통인수가 되지. $(x+1)(x+2)+(x+1)(x+3)$도 $x+1$이 공통인수이므로 $(x+1)(x+2+x+3)=(x+1)(2x+5)$가 돼.

그러면 $ma+mb+mc$는 어떻게 인수분해를 할까? m이 공통인수이므로 $m(a+b+c)$로 인수분해가 되지.

이처럼 인수분해는 여러 개의 항을 하나의 항으로 뭉치게 해.

인수분해 공식 중 가장 기본이 되는 다섯 개를 소개한다.

(1) $a^2 + 2ab + b^2 = (a+b)^2$

(2) $a^2 - 2ab + b^2 = (a-b)^2$

(3) $a^2 - b^2 = (a+b)(a-b)$

(4) $x^2 + (a+b)x + ab = (x+a)(x+b)$

(5) $acx^2 + (ad+bc)x + bd = (ax+b)(cx+d)$

유쌤! (1)번은 어떻게 증명이 되나요?

먼저 a에 대한 이차식을 순서대로 써봐. a의 이차항을 제일 앞에 쓰고 그 다음은 일차항을, 마지막에는 a에 관한 차수가 없는 b^2을 쓰지. 이것을 내림차순이라고 해. 그리고 a^2을 두 개의 a로 나눠. 마지막 b^2도 두 개의 b로 나누어봐.

$$a^2 + 2ab + b^2$$

$$
\begin{array}{ccccc}
a & & \longrightarrow & b & \longrightarrow & ab \\
a & & \longrightarrow & b & \longrightarrow & +ab \\
& & & & & \overline{} \\
& & & & & 2ab
\end{array}
$$

$$\Downarrow$$

$$= (a+b)^2$$

서로 곱해서 ab가 되면 그 두 개를 더해 $2ab$가 되므로 제대로 인수분해가 된 거야. 따라서 $a^2 + 2ab + b^2 = (a+b)^2$이지.

(2)번은

$$a^2 - 2ab + b^2$$

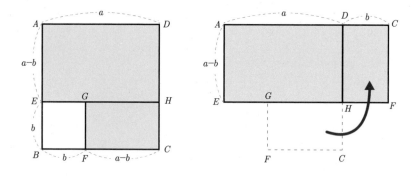

$$= (a-b)^2$$

a^2을 a끼리의 곱으로 나누는 것은 (1)번과 같아. 그런데 일차항이 $-2ab$이므로 맨 뒤의 항에서 b^2을 $-b$끼리의 곱으로 나눈 후 서로 곱해주면 $-2ab$가 되므로 인수분해가 끝나게 돼.

(3)번은 도형을 그려 생각해볼 수 있어.

가로와 세로의 길이가 a인 정사각형에서 가로와 세로가 b인 정사각형의 넓이를 뺀 식을 생각하는 거야. 그림을 보면 a^2-b^2은 $(a+b)(a-b)$가 되는 것을 알 수 있지.

예를 들어 a대신 5를 대입하고 b 대신 3을 대입하면

$5^2-3^2=(5+3)\cdot(5-3)=16$이 성립돼.

(4)번은

$$x^2 + (a+b)x + ab$$

$$= (x+a)(x+b)$$

가 되는 것을 증명한 것인데 이해가 되지? 좀 더 이해하기 쉽게 x^2+5x+6을 풀어보자.

$$x^2 + 5x + 6$$

$$= (x+2)(x+3)$$

(5)번은

$$acx^2 + (ad+bc)x + bd$$

$$= (ax+b)(cx+d)$$

으로 증명이 된다. 이것도 직접 문제를 풀어볼까?

$3x^2+5x+2$를 풀어보자.

$$3x^2 + 5x + 2$$

$$3x \qquad 2 \quad \longrightarrow \quad 2x$$
$$x \qquad 1 \quad \longrightarrow \quad \underline{+\ 3x}$$
$$5x$$

$$\Downarrow$$

$$= (3x+2)(x+1)$$

이처럼 인수분해는 원리를 알고 있으면 쉽게 문제를 해결할 수 있다. 약수를 통해 수의 성질을 알고 연산에 대해 편리하게 도움을 받는다면 인수분해는 이차방정식과 이차함수를 푸는 데에 많은 영향을 준다. 그러므로 이차방정식과 이차함수를 하기 전에 꼭 연습을 하는 것이다.

제곱근을 이용한 방법

$x^2=a$를 풀면 $x=\pm\sqrt{a}$ 이다. $a \geq 0$이다. $a < 0$이면 실수의 범위에서 풀 수 없다. $(x+a)^2=b$를 풀면 $x+a=\pm\sqrt{b}$ 가 되어 $x=-a\pm\sqrt{b}$ 가 된다. $a(x+p)^2=q$는 $x=-p\pm\sqrt{\dfrac{q}{a}}$가 된다.

제곱근을 이용한 방법은 우변이 0보다 크거나 같은 조건이 있는 것을 기억하면 풀 수 있다. 그러나 인수분해나 제곱근을 이용한 방법으로 풀지 못한다면 다른 방법을 생각할 수 있다.

완전제곱식으로 푸는 방법

완전제곱식으로 풀기 위해서는 다섯 단계가 필요하다. 복잡한 단계로 보이지만 여러 문제를 풀다 보면 크게 어렵지 않다는 것을 알게 될 것이다.

⑴ 단계: 이차항의 계수는 1로 한다. 만약 이차항의 계수에 0이 아닌 상수가 있다면 그 상수로 나눈다.

$$ax^2 + bx + c = 0$$

양변을 a로 나눈다.

$$x^2 + \frac{b}{a}x + \frac{c}{a} = 0$$

⑵ 단계: 상수항을 우변으로 이항한다.

$$x^2 + \frac{b}{a}x = -\frac{c}{a}$$

⑶ 단계 : 양변에 $\left(\dfrac{\text{일차항의 계수}}{2}\right)^2$ 을 더한다.

$$x^2 + \frac{b}{a}x + \left(\frac{b}{2a}\right)^2 = -\frac{c}{a} + \left(\frac{b}{2a}\right)^2$$

⑷ 단계 : 좌변을 완전제곱식으로 바꾼다.

$$\left(x + \frac{b}{2a}\right)^2 = -\frac{c}{a} + \frac{b^2}{4a^2}$$

$$\left(x + \frac{b}{2a}\right)^2 = \frac{b^2 - 4ac}{4a^2}$$

⑸단계 : 제곱근을 이용하여 이차방정식을 푼다.

$$x + \frac{b}{2a} = \pm\frac{\sqrt{b^2 - 4ac}}{2a}$$

$$\therefore x = \frac{-b \pm \sqrt{b^2 - 4ac}}{2a}$$

근의 공식을 이용한 방법

앞서 증명한 5단계의 완전제곱근으로 푸는 방법에서 나온
$x=\dfrac{-b\pm\sqrt{b^2-4ac}}{2a}$ 이 근의 공식이다. $ax^2+bx+c=0$에서 a는 이

차항의 계수, b는 일차항의 계수, c는 상수이다.

예를 들어 $2x^2+3x+1=0$을 근의 공식을 이용하여 풀면 $a=2$,
$b=3$, $c=1$이므로

$$x=\frac{-b\pm\sqrt{b^2-4ac}}{2a}$$

$$x=\frac{-3\pm1}{4}$$

$$x=-1 \ \text{또는} \ -\frac{1}{2}$$

기억해두면 좋은 근의 공식이 하나 더 있다. 일차항의 계수가 짝수일
때 쓰는 공식이다. 이것도 증명을 해보고 외우는 것이 좋다. 근의 공식을
잊어버렸을 때는 식을 유도하는 연습을 해야 한다. 문제 풀 때 종종 나오
기 때문이다.

$$ax^2+2b'x+c=0$$

이차항의 계수를 1로 만들기 위해 양변을 a로 나눈다.

$$x^2+\frac{2b'}{a}x+\frac{c}{a}=0$$

상수항을 우변으로 이항하면

$$x^2+\frac{2b'}{a}x=-\frac{c}{a}$$

양변에 $\left(\dfrac{일차항의\ 계수}{2}\right)^2$ 을 더하면

$$x^2 + \frac{2b'}{a}x + \left(\frac{2b'}{2a}\right)^2 = -\frac{c}{a} + \left(\frac{2b'}{2a}\right)^2$$

$$x^2 + \frac{2b'}{a}x + \left(\frac{b'}{a}\right)^2 = -\frac{c}{a} + \left(\frac{b'}{a}\right)^2$$

좌변을 완전제곱식으로 바꾸면

$$\left(x + \frac{b'}{a}\right)^2 = \frac{(b')^2 - ac}{a^2}$$

제곱근을 이용하여 풀면

$$x + \frac{b'}{a} = \pm \frac{\sqrt{(b')^2 - ac}}{\sqrt{a^2}}$$

$$\therefore x = \frac{-b' \pm \sqrt{(b')^2 - ac}}{a}$$

지금부터 직접 문제를 풀어 확인해보자. $x^2 + 6x + 3 = 0$을 근의 공식을 이용해 풀면 $a = 1$, $b' = 3$, $c = 3$이므로,

$$x = \frac{-b' \pm \sqrt{(b')^2 - ac}}{a}$$

$$x = -3 \pm \sqrt{6}$$

이처럼 근의 공식은 이차방정식에서 인수분해나 제곱근을 이용한 방법, 완전제곱식으로 풀지 못할 때 이를 해결하기 위한 공식이다. 근의 공식을 억하고 있으면 처음부터 이차방정식을 풀 때 주로 쓰므로 빨리 해

결하는 방법일 수 있다.

판별식

이차방정식 $x^2-4x+9=0$은 근의 공식을 이용해도 근이 나오지 않는다. $x^2-4x+3=0$을 인수분해나 근의 공식을 이용하여 풀면 $x=1$ 또는 3이 나온다. $x^2-4x+4=0$은 $x=2$이다.

이차항과 일차항은 같고, 상수항만 다른데 어떤 이차방정식은 근이 두 개이고, 어떤 이차방정식은 중근이고, 어떤 이차방정식은 근이 없다. 이를 가르는 것이 **판별식** D이다.

판별식 D는 이차방정식 $ax^2+bx+c=0$에서 다음의 세 가지 경우일 때 쓰인다.

(1) $D=b^2-4ac>0$일 때 근이 두 개이다.

(2) $D=b^2-4ac=0$일 때 중근이다(근이 하나이다).

(3) $D=b^2-4ac<0$일 때 근이 없다.

직접 확인해보자.

$x^2-5x+3=0$은 $a=1$, $b=-5$, $c=3$이다.

$D=b^2-4ac=(-5)^2-4\cdot1\cdot3=13>0$이므로 근이 두 개이다.

$x^2-x+\dfrac{1}{4}=0$은 $D=b^2-4ac=(-1)^2-4\cdot1\cdot\dfrac{1}{4}=0$이므로 중근이다. $x^2+3x+5=0$은 $D=b^2-4ac=3^2-4\cdot1\cdot5=-11<0$이므로 근이 없다.

근의 공식에서 짝수의 공식이 있는 것처럼 판별식 D도 일차항의 계수가 짝수일 때 짝수의 공식이 있는데,

$$\frac{-b' \pm \sqrt{(b')^2 - ac}}{a}$$ 에서 제곱근 부분 $(b')^2 - ac$가 D이다.

그런데 (3)에서 $D < 0$일 때 복소수의 범위까지 생각하면 근을 찾을 수는 있다. 그러나 일반적으로는 실수에서 근을 찾는다. 따라서 근이 없다고 하면 실수에서 근이 없을 때를 말한다.

복잡한 이차방정식의 풀이방법

이차방정식의 모든 계수가 분수나 소수인 경우는 일차방정식의 풀이와 비슷하다. 계수가 분수일 때는 최소공배수를 분모에 곱하여 계산한다. 예제를 풀어 확인해보자.

$$\frac{x(x-1)}{2} - \frac{(x-3)(x+2)}{5} = 7$$

분모 2와 5의 최소공배수 10을 양변에 곱하면

$$5x(x-1) - 2(x-3)(x+2) = 70$$

$$5x^2 - 5x - 2x^2 + 2x + 12 = 70$$

$$3x^2 - 3x - 58 = 0$$

근의 공식을 이용하여 근을 구하면 다음과 같다.

$$\therefore x = \frac{3 \pm \sqrt{705}}{6}$$

계수가 소수인 경우도 계수를 정수로 만들기 위해 10의 거듭제곱을

곱한다. 예제를 풀어보자.

$$0.4x^2 - 1.2x + 0.9 = 0$$

양변에 10을 곱하면

$$4x^2 - 12x + 9 = 0$$

좌변을 완전제곱식으로 만들면

$$(2x - 3)^2 = 0$$

$$\therefore x = \frac{3}{2}$$

비에타의 정리

이차방정식에서 비에타의 정리는 근과 계수의 관계이다. 이차방정식의 두 근을 α, β로 할 때 두 근의 합과 곱에 관한 것이 비에타의 정리로, 프랑스의 수학자 비에타[F. Vieta](1540~1603)가 소개해 현재 널리 쓰이고 있다.

근의 공식에 의해 $x = \dfrac{-b - \sqrt{b^2 - 4ac}}{2a}$ 또는 $\dfrac{-b + \sqrt{b^2 - 4ac}}{2a}$

가 나온다. 이제 두 근을 더해보자.

$$\alpha + \beta = \frac{-b + \sqrt{b^2 - 4ac}}{2a} + \frac{-b - \sqrt{b^2 - 4ac}}{2a} = -\frac{2b}{2a} = -\frac{b}{a}$$

두 근을 더한 것은 $-\dfrac{\text{일차항의 계수}}{\text{이차항의 계수}}$ 가 되는 것이다.

이번에는 두 근의 곱을 구해보자.

$$\alpha\beta = \frac{-b+\sqrt{b^2-4ac}}{2a} \times \frac{-b-\sqrt{b^2-4ac}}{2a}$$

$$= \frac{(-b)^2-\left(\sqrt{b^2-4ac}\right)^2}{4a^2} = \frac{c}{a}$$

즉 두 근의 곱은 $\dfrac{\text{상수항}}{\text{이차항의 계수}}$ 이 된다.

예를 들어 $x^2+2x+3=0$에서 $a=1$, $b=2$, $c=3$이므로 $\alpha+\beta = -\dfrac{b}{a}$ $=-\dfrac{2}{1}=-2$이다. 그리고 두 근의 곱은 $\dfrac{c}{a}=\dfrac{3}{1}=3$이다.

외우기 어렵지만 증명을 통해 알 수 있는 또 하나의 공식이 있다. 두 근의 차에 관한 것이다. 두 근의 합이나 곱은 큰 근과 작은 근의 순서가 뒤바뀌어도 상관이 없지만 두 근의 차는 '큰 근−작은 근'과 '작은 근− 큰 근'이 나오므로 부호의 차이가 있다. 따라서 차에 절댓값 기호를 넣는다. 이에 따라 두 근의 차를 $|\alpha-\beta|$로 나타내면,

큰 근이 $\dfrac{-b+\sqrt{b^2-4ac}}{2a}$, 작은 근이 $\dfrac{-b-\sqrt{b^2-4ac}}{2a}$ 이 된다.

큰 근에서 작은 근을 뺀 것을 (1)번, 작은 근에서 큰 근을 뺀 것을 (2)번으로 하면,

(1) $\dfrac{\sqrt{b^2-4ac}}{a}$, (2) $\dfrac{\sqrt{b^2-4ac}}{-a}$ 이므로 분모의 부호만 다르고 분자는 같다는 것을 알 수 있다.

결국 $|\alpha-\beta| = \dfrac{\sqrt{b^2-4ac}}{|a|}$ 가 된다. 이 공식도 종종 나오므로 기억

해둬야 한다. 또한 유도하는 방법도 잘 익혀두기 바란다.

조건이 주어질 때 이차방정식 구하는 방법

(1) 이차항의 계수와 두 근이 주어질 때

이차항의 계수 a와 두 근 α, β가 주어질 때 이차방정식은 $a(x-\alpha)\cdot(x-\beta)=0$이다. 예를 들어 이차항의 계수가 2이고, 두 근이 -2 또는 3으로 주어진다면 $2(x-3)(x+2)=0$으로 식을 쓸 수 있다. 이것은 전개해서 $2x^2-2x-12=0$으로 쓰는 것이 더 정확하다.

이차방정식 $ax^2+bx+c=0$의 형태　　→ 일반형이라 한다.

(2) 이차항의 계수와 중근이 주어질 때

이차항의 계수 a와 중근 a가 주어진다면 이차방정식은 $a(x-a)^2=0$이다.

예를 들어 이차항의 계수가 -2이고, 중근이 3이면 $-2(x-3)^2=0$이 된다. 이 식도 전개하여 이차방정식의 일반형 $-2x^2+12x-18=0$으로 쓴다.

(3) 계수가 유리수인 이차방정식에서 한 근이 무리수로 주어질 때

한 근이 $p+q\sqrt{m}$이면 다른 한 근은 $p-q\sqrt{m}$이 된다. 예를 들어 $2+\sqrt{2}$가 한 근이면 다른 한 근은 $2-\sqrt{2}$가 된다. 두 근을 더해서 유리수가 나오면 된다.

고차방정식

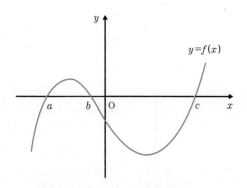 고차방정식은 삼차 이상의 방정식을 말하지. 방정식을 이해할 때는 함수의 그래프를 그리면서 이해하는 것도 중요해.

예를 들어 삼차방정식을 $y=ax^3+bx^2+cx+d$로 나타냈다면 삼차항의 계수가 a라는 것이 보이지? 그러면 a는 0이 아닐 때 삼차함수가 돼. a가 0보다 크면 $\sim$ 형태로, a가 0보다 작으면 $\backsim$ 형태의 그래프가 되지.

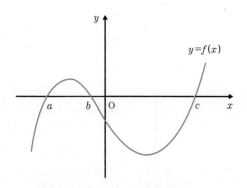

삼차함수 $y=f(x)$가 0보다 클 때

여기서 $y=0$을 만족하는 x는 바로 삼차방정식이 되지. 그래서 $x=a$ 또는 b 또는 c가 되는 거란다. 함수의 그래프를 그려서 방정식의 근을 찾을 수 있지.

그러면 근은 세 개가 되겠네요?

그렇지. 삼차방정식은 항상 근이 세 개인 것은 아니며 다음처럼 나타날 때도 있어.

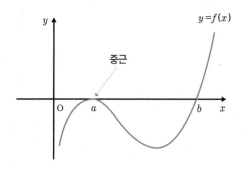

그래프를 보면 $y=f(x)$가 x축과 만나는 점이 두 개라는 것을 확인할수 있어. x는 a일 때 중근(또는 이중근)을 갖고 또 다른 한 근은 b일 때갖는 것이야.

다음 그래프처럼 나타날 때도 있어.

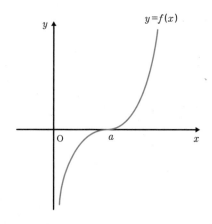

이런 경우는 삼중근일 때야.

🙋 그럼 $f(x)$가 한 점에서 모두 만나면 근이 세 개가 되는군요.

😊 맞아. 위의 그래프는 $y=a(x-a)^3$으로 나타낼 수 있지. a가 정

해지지 않았잖아? a의 위치로 봐서 양수라는 것만 알 수 있지. 다음 그
래프를 볼까?

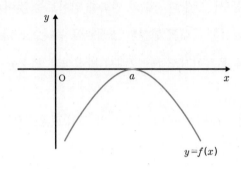

위 그래프도 삼중근을 가질 때이고 x축과 한 점 a에서 만나지. 포물
선의 형태를 띠는 것은 이차함수와 비슷하지만 점의 좌표를 몇 개 찍으
면서 그리면 빗살무늬 토기 같은 형태를 가지게 돼.

🙂 곡선 모양이긴 한데 약간 뾰족하군요.

😊 그래. 그리고 사차함수는, ⋁⋁ 모양으로 그려지는데 a가 0보다
크면 ⋁⋁ 형태이고 0보다 작으면 거꾸로 된 ⋁⋁(⋀⋀) 형태야.

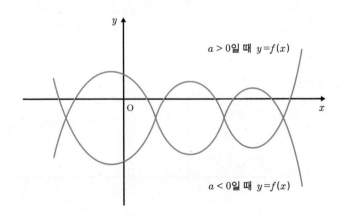

방정식과 함수는 같이 이해하는 것이 좋아. 둘 모두 그래프도 그리고 근도 구할 줄 알아야 정확히 알 수 있어. 방정식은 근을 구하는 것이 목적이고 함수는 x값과 y값의 변화를 알아보는 것이 목적이지만 같이 기억하고 있어야 하나의 완성된 그래프의 영역으로 나아가는 것이지. 수학의 궁극적 목적이기도 해. 그래서 방정식과 함수를 같이 이해하는 것은 중요해.

그런데 이차함수부터 포물선의 그래프잖아요? 이차함수 $y = ax^2 + bx + c$에서 a에 따라 그래프의 오목과 볼록이 바뀌고 삼차함수나 사차함수도 그런 것 같고… 무슨 법칙이 있는 거 같아요. 맞나요?

그럼 홀수차항부터 생각해볼까? 일차함수만 빼고… 왜냐하면 일차함수는 직선형의 함수니깐.

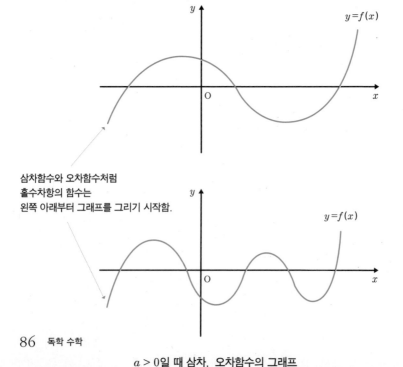

삼차함수와 오차함수처럼
홀수차항의 함수는
왼쪽 아래부터 그래프를 그리기 시작함.

$a > 0$일 때 삼차, 오차함수의 그래프

삼차함수하고 오차함수는 a가 0보다 클 때 왼쪽 아래부터 시작하는 그래프 형태야.

왼쪽 아래부터 그리기 시작하면 3차, 5차, 7차…. 함수 그래프의 형태를 천천히 그려볼 수 있어. a가 0보다 작다면 그 반대로 그리면 돼.

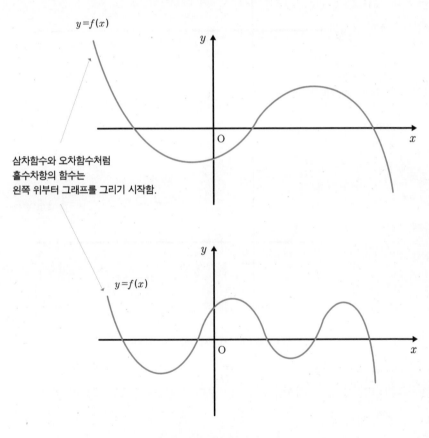

$y=f(x)$

삼차함수와 오차함수처럼
홀수차항의 함수는
왼쪽 위부터 그래프를 그리기 시작함.

$y=f(x)$

$a < 0$일 때 삼차, 오차함수의 그래프

이차함수와 사차함수 같은 짝수차항의 함수 그래프는 a가 0보다 크면 왼쪽 위부터 그리고, 0보다 작으면 왼쪽 아래부터 그리면 돼.

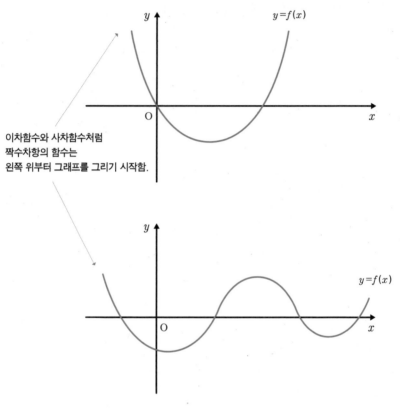

$a > 0$일 때 이차, 사차함수의 그래프

그러면 이차, 사차함수의 a가 0보다 작을 때는 그릴 필요가 없겠지?

그렇네요.

고차방정식에서 가장 차수가 작은 삼차방정식의 근을 구하는 방법!

$a(x-1)(x-3)(x-5)=0$으로 인수분해가 되는 삼차방정식이 있다면 $x=1$ 또는 3 또는 5이다. 세 개의 근을 x에 대입하면 0이 된다는 것을 알 수 있다. $x=2$를 대입하면 당연히 0이 되지 않는다.

삼차방정식은 인수분해가 쉽게 된다면 별 어려울 것이 없다. 그러나 x가 정수가 아닌 유리수 형태인 $-\dfrac{7}{8}$이나 $\dfrac{3}{4}$이 된다면 인수분해가 어렵거나 시간이 오래 걸린다. 그래서 인수정리로 푸는 방법이 있다. $x^3-5x^2-x+5=0$을 통해 확인해보자.

좌변을 0으로 만드는 x를 생각하면 $x=1$이 가장 먼저 떠오를 것이다. 그러면 좌변은 $x-1$을 인수로 가지는 $f(x)$가 된다. 즉 $f(x)$는 '$(x-1)\times$이차식'으로 생각해볼 수 있다.

$$(x-1)\times 이차식$$
$$=(x-1)(ax^2+bx+c)$$

여기서 a는 1이 된다. 왜냐하면 $f(x)$의 최고차항의 계수가 1이기 때문이다.

$$(x-1)(ax^2+bx+c)$$
$$=(x-1)(x^2+bx+c)$$

이 식을 전개하기 위해서는 여섯 번의 곱을 해야 하는데 정리하면 다음과 같다.

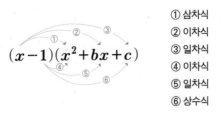

식 전개한 것을 짝지으면 ①은 $f(x)$를 삼차식으로 만드는 것을 알 수 있다. 따라서 $x-1$에 곱할 수 있는 식은 x^2뿐인 것을 알게 된다. 이에 따라 굳이 일차항의 계수나 상수항을 b와 c로 나타내지 않더라도 아래처럼 쓸 수도 있다.

$$(x-1)(x^2+\bigcirc+\bigcirc)$$

이번에는 이차식을 만드는데 ②와 ④의 과정이 필요한 것을 알 것이다.

$$(x-1)(x^2+bx+c)$$

②와 ④를 더하면 $(b-1)x^2$이 된다. x^2의 계수가 $b-1$인데 $f(x)$에서는 -5이므로 $b=-4$가 된다. 그렇게 되면 일차식을 결정하는 과정은 생략해도 되고 상수식을 결정하는 ⑥의 과정만 생각한다.

$$(x-1)(x^2+bx+c)$$

⑥에서 $-1 \times c$는 $f(x)$의 5가 되어야 한다. 따라서 c는 -5이다.

그 결과 다음과 같이 인수분해가 된다.

$$x^3 - 5x^2 - x + 5 = (x-1)(x^2 - 4x - 5)$$
$$= (x+1)(x-1)(x-5)$$

근은 $f(x)$가 0을 만족하는 것이므로 $x = -1$ 또는 1 또는 5이다.

조립제법으로 푸는 방법!

$x^3 - 4x^2 + x + 5$를 인수 $x - 2$로 직접 나누면 $(x-2)(x^2 - 2x - 3) - 1$
이 되며 몫은 $x^2 - 2x - 3$이고 나머지는 -1이 된다. 그러나 이것을 일
일이 다 나누면, 차수가 높을 때 복잡하고 계산이 틀릴 수도 있기 때문
에 **조립제법**이라는 방법을 쓰게 된다.

$x^3 - 4x^2 + x + 5$의 계수는 순서대로 1, -4, 1, 5이다. 그리고 $x - 2$
로 나눈다는 것은 x에 2를 대입했을 때와 같은 의미이므로 다음과 같이
쓴다.

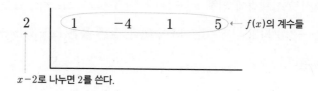

그리고 삼차항의 계수인 1을 그대로 떨어뜨려 쓴다. 이것은 어느 조립
제법을 시작해도 같다.

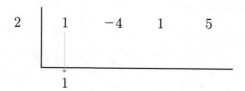

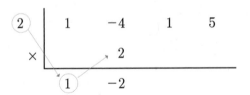

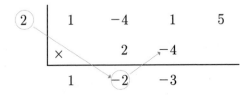

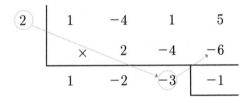

따라서 조립제법에 의해 x^3-4x^2+x+5는 $x-2$로 나누었을 때 몫은 x^2-2x-3이 되고 나머지는 -1이 된다. 물론 몫은 $(x-3)(x+1)$로 인수분해된다.

계속해서 $3x^3-18x^2-27x+42$를 조립제법으로 풀어보자.

$3x^3-18x^2-27x+42$를 $f(x)$로 하면, $f(1)$은 0이 되는 것을 알 수 있다. 또 $f(-2)$도 0이 되는 것을 알 수 있다. 이 경우에는 모든 계수가 3의 배수이므로 $f(x)$를 3으로 묶는 것이 나을 것이다.

$3x^3-18x^2-27x+42=3(x^3-6x^2-9x+14)$이다.

$$3(x^3-6x^2-9x+14)$$

$$=x^3-6x^2-9x+14$$

14의 양과 음의 약수
±1, ±2, ±7, ±14를 대입하여
$f(x)$가 0이 되는 것을 찾는다.

그러면 $x=-2$ 또는 1 또는 7이 된다. 삼차식이 인수분해가 되는지를 확인하기 위해 상수항인 14의 약수를 따지면서 일일이 대입한다.

이제 조립제법으로 풀면,

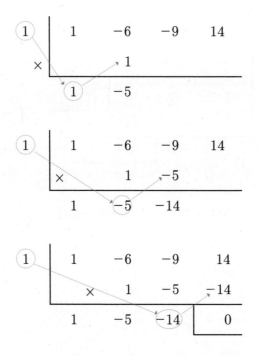

여기서 $3x^3-18x^2-27x+42$는 $3(x-1)(x^2-5x-14)$로 인수분해

가 된 것을 알 수 있다. 또한 $f(x)$의 $x^2-5x-14$는 $(x+2)(x-7)$로 인수분해되는 것을 알 수 있기 때문에 조립제법을 꼭 쓸 필요는 없으나 조립제법으로 확인할 겸 이용할 수도 있다.

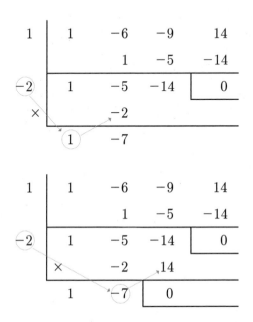

결국 $3(x-1)(x+2)(x-7)$로 인수분해가 되었다.

조립제법은 삼차방정식 이상의 고차방정식에서 근을 구하거나 나눗셈을 할 때 쓰이는 방법이며 직접 나누기가 번거로울 때 특히 더 많이 쓰인다.

삼차방정식의 근의 공식

삼차방정식도 근의 공식이 있다. 현재 사차방정식까지 근의 공식이 있으나 일반적으로 인수분해가 되어 근을 찾을 수 있기 때문에 고등과정에서는 배우지 않는다. 삼차방정식의 근의 공식은 증명이 복잡하다. 근의 공식을 나타내면,

$$x_1=\frac{\sqrt[3]{-2b^3+9abc-27a^2d+\sqrt{4(-b^2+3ac)^3+(-2b^3+9abc-27a^2d)^2}}}{3\sqrt[3]{2}\,a}$$

$$-\frac{\sqrt[3]{2}\,(-b^2+3ac)}{3a\sqrt[3]{-2b^3+9abc-27a^2d+\sqrt{4(-b^2+3ac)^3+(-2b^3+9abc-27a^2d)^2}}}-\frac{b}{3a}$$

$$x_2=-\frac{(1-\sqrt{3}\,i)\cdot\sqrt[3]{-2b^3+9abc-27a^2d+\sqrt{4(-b^2+3ac)^3+(-2b^3+9abc-27a^2d)^2}}}{6\sqrt[3]{2}\,a}$$

$$+\frac{(1-\sqrt{3}\,i)(-b^2+3ac)}{3\sqrt[3]{4}\,a\cdot\sqrt[3]{-2b^3+9abc-27a^2d+\sqrt{4(-b^2+3ac)^3+(-2b^3+9abc-27a^2d)^2}}}-\frac{b}{3a}$$

$$x_3=-\frac{(1+\sqrt{3}\,i)\cdot\sqrt[3]{-2b^3+9abc-27a^2d+\sqrt{4(-b^2+3ac)^3+(-2b^3+9abc-27a^2d)^2}}}{6\sqrt[3]{2}\,a}$$

$$+\frac{(1-\sqrt{3}\,i)(-b^2+3ac)}{3\sqrt[3]{4}\,a\cdot\sqrt[3]{-2b^3+9abc-27a^2d+\sqrt{4(-b^2+3ac)^3+(-2b^3+9abc-27a^2d)^2}}}-\frac{b}{3a}$$

이다. x_1, x_2, x_3는 세 개의 근을 나타낸 것이다. 기억하기에는 무리가 있는 공식임을 알 수 있다.

사차방정식의 풀이

사차방정식도 삼차방정식처럼 인수정리와 조립제법으로 푸는 방법이 있다. 인수정리는 삼차방정식과 같은 해결하면 되고 조립제법도 $f(x)$를 0으로 만드는 x를 찾아서 풀면 된다. 사차방정식의 근의 공식은 다음과 같다.

$ax^4 + bx^3 + cx^2 + dx + e = 0$ 에서

$$P = \frac{b}{4a}, \quad Q = \frac{2c}{3a}, \quad R = c^2 - 3bd + 12ae, \quad T = -\frac{b^3}{a^3} + \frac{4bc}{a^2} - \frac{8d}{a}$$

$$V = \frac{\sqrt[3]{2}\,R}{3a \cdot \sqrt[3]{S + \sqrt{-4R^3 + S^2}}} + \frac{\sqrt[3]{S + \sqrt{-4R^3 + S^2}}}{3 \cdot \sqrt[3]{2}\,a}$$

$$x_1 = -P - \frac{1}{2}\sqrt{4P^2 - Q + V} - \frac{1}{2}\sqrt{8P^2 - 2Q - V - \frac{T}{4\sqrt{4P^2 - Q + V}}}$$

$$x_2 = -P - \frac{1}{2}\sqrt{4P^2 - Q + V} + \frac{1}{2}\sqrt{8P^2 - 2Q - V - \frac{T}{4\sqrt{4P^2 - Q + V}}}$$

$$x_3 = -P + \frac{1}{2}\sqrt{4P^2 - Q + V} - \frac{1}{2}\sqrt{8P^2 - 2Q - V + \frac{T}{4\sqrt{4P^2 - Q + V}}}$$

$$x_4 = -P + \frac{1}{2}\sqrt{4P^2 - Q + V} + \frac{1}{2}\sqrt{8P^2 - 2Q - V + \frac{T}{4\sqrt{4P^2 - Q + V}}}$$

보기만 해도 어질어질하다. 이처럼 사차방정식의 근의 공식을 유도하려면 시간이 너무 오래 걸리고 증명하는 과정 또한 아주 복잡하다. 하지만 방정식이 즐겁다면 충분히 도전할 가치가 있다.

사차방정식의 근을 구할 때 많이 쓰이는 치환!

사차방정식에는 복이차방정식이 있다. 복이차방정식은 $ax^4+bx^2+c=0$인 형태의 방정식으로 x^2을 t로 치환하여 푸는 방법이다. 따라서 ax^4+bx^2+c는 at^2+bt+c로 바꾸어 풀면 된다.

$x^4-3x^2-4=0$인 복이차방정식을 풀어보자.

$$x^4-3x^2-4=0$$

x^2을 t로 치환하여 다시 식을 쓰면

$$t^2-3t-4=0$$

t에 관해 인수분해하면

$$(t-4)(t+1)=0$$

$$\therefore t=-1 \ \text{또는} \ 4$$

여기서 끝은 아니다. 왜냐하면 구하고자 하는 것은 x이지 t가 아니기 때문이다. 따라서 $t=-1$ 또는 4를 $x^2=-1$ 또는 4로 하여 구하면 된다. 즉 $x=\pm i$ 또는 ± 2가 된다.

완전제곱식을 이용해 풀기도 한다!

$x^4+3x^2+4=0$을 풀려고 치환하면 오히려 더 복잡해진다. 따라서 이때는 완전제곱식을 이용해 문제를 풀면 된다.

$x^4+3x^2+4=0$을 $x^4+4+3x^2=0$으로 하면,

$$x^4+4+3x^2=0$$

$$(x^2+2)^2-4x^2+3x^2=0$$

$$(x^2+2)^2-x^2=0$$

$$(x^2+2+x)(x^2+2-x)=0$$

$$(x^2+x+2)(x^2-x+2)=0$$

$$\therefore x=\frac{-1\pm\sqrt{7}\,i}{2} \text{ 또는 } \frac{1\pm\sqrt{7}\,i}{2}$$

상반방정식을 푸는 방법!

상반방정식은 $ax^4+bx^3+cx^2+bx+a=0$처럼 x^2을 중심으로 좌우 대칭인 계수를 가진 방정식을 뜻한다.

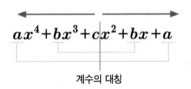

계수의 대칭

상반방정식을 푸는 방법은 규칙이 있다. 예를 들어 $x^4+4x^3-3x^2+4x+1=0$을 풀어 보도록 하자.

$x^4+4x^3-3x^2+4x+1=0$에서

x^2을 인수로 정한 후 정리하면

$$x^2\left(x^2+4x-3+\frac{4}{x}+\frac{1}{x^2}\right)=0$$

완전제곱식을 만들기 위해 순서를 바꿔 나열하면

$$x^2\left\{\left(x^2+\frac{1}{x^2}\right)+4\left(x+\frac{1}{x}\right)-3\right\}=0$$

$x^2+\frac{1}{x^2}$을 $\left(x+\frac{1}{x}\right)^2-2$ 형태로 고쳐 쓰면

$$x^2\left\{\left(x+\frac{1}{x}\right)^2-2+4\left(x+\frac{1}{x}\right)-3\right\}=0$$

$$x^2\left\{\left(x+\frac{1}{x}\right)^2+4\left(x+\frac{1}{x}\right)-5\right\}=0$$

$x+\frac{1}{x}$을 t로 치환하면

$$x^2(t^2+4t-5)=0$$

t에 관한 이차식을 인수분해하면

$$x^2(t+5)(t-1)=0$$

t를 다시 $x+\frac{1}{x}$로 대입하면,

$$x^2\left(x+\frac{1}{x}+5\right)\left(x+\frac{1}{x}-1\right)=0$$

x^2을 $x\times x$로 나누어 각각의 일차식 앞에 놓으면

$$x\left(x+\frac{1}{x}+5\right)x\left(x+\frac{1}{x}-1\right)=0$$

$$(x^2+5x+1)(x^2-x+1)=0$$

근의 공식을 이용해 x값을 구하면

$$\therefore x=\frac{-5\pm\sqrt{21}}{2} \ \text{또는} \ \frac{1\pm\sqrt{3}\,i}{2}$$

대체로 삼차방정식 이상을 풀 때 특수한 경우로 생각해 문제를 푼다.

그것은 삼차방정식과 사차방정식이 근의 공식이 있지만 너무나 복잡해

서 인수분해, 조립제법, 치환, 완전제곱식 등으로 풀게 하는 문제가 대부분이라는 의미다. 일반적으로 삼차방정식 이상은 근의 공식으로 풀어야 하지만 방금 말했듯이 문제의 대부분이 근의 공식을 요구하지 않는다.

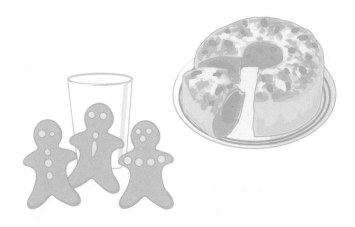

puzzle 6 모양의 조각으로 아래 그림을 완성했는데 어느 한 부분은 이 조각의 모양으로 붙인 것이 아닙니다. 어느 부분인지 연필로 표시해 보세요.

답 224p

101

제8장

행렬

행렬^{matrix}은 수나 수를 나타내는 문자를 직사각형 모양으로 배열하여 괄호로 묶은 것을 말한다. 행렬 안에는, 그러니까 괄호 안에는 행렬을 이루는 숫자나 문자가 있는데 이를 성분이라 한다.

$$\begin{pmatrix} a & b \\ c & d \end{pmatrix} \quad \begin{pmatrix} 1 & 2 & 2 \\ 4 & 5 & 5 \\ 7 & 8 & 9 \end{pmatrix} \quad \cdots$$

위에서 a, b, c, d는 성분이 4개이고, 1부터 9까지는 성분이 9개가 된다. 행렬은 이렇게 괄호 안에 숫자나 문자를 집합시켜 배열한 것이다. 그래서 집합과 비슷한 면이 있다. 행렬의 가로줄은 행, 세로줄은 열이라고 한다.

따라서 행과 열을 합쳐 행렬이라 부르는 것이다.

$$\begin{pmatrix} a & b \\ c & d \end{pmatrix} 는 2행 2열, \quad \begin{pmatrix} 1 & 2 & 2 \\ 4 & 5 & 5 \\ 7 & 8 & 9 \end{pmatrix} 는 3행 3열이 된다.$$

2행 2열은 2×2 행렬로, 3행 3열은 3×3 행렬로 부른다. 곱하기를 영어 by로 읽기도 한다. 행렬에서 두 행렬이 같을 때가 있다. 이를 행렬의 상등이라 한다. 다음 두 행렬을 보자.

$$\begin{pmatrix} x+y & 2 \\ 3 & 4 \end{pmatrix} \qquad \begin{pmatrix} 2 & a \\ z & 4 \end{pmatrix}$$

2행 2열의 숫자는 4로 같다. 그러나 나머지 성분 3개는 같지 않다. 그러나 상등행렬이라고 하면 1행 1열의 $x+y$는 2와 같다. $x+y=2$로 식을 세워도 무방하다. 1행 2열의 숫자 2도 a와 같다. $a=2$로 생각해도 된다. 그리고 3도 z가 된다. 행렬의 상등은 행렬을 배열했을 때 같은 위치의 성분은 같다고 하는 것이다.

또 행렬 하나를 행렬 A로 한다면,

$A=\begin{pmatrix} a_{11} & a_{12} \\ a_{21} & a_{22} \end{pmatrix}$로 할 때 a_{11}을 1행 1열, a_{12}를 1행 2열, a_{21}을 2행 1열, a_{22}를 2행 2열의 성분으로 부른다.

행렬도 사칙연산처럼 성질이 있다!

행렬은 덧셈과 뺄셈처럼 연산이 가능하다. 조건이 주어진다면 행과 열이 맞추어져 있을 때이다.

행렬 A와 B가 있고 $A = \begin{pmatrix} a_{11} & a_{12} \\ a_{21} & a_{22} \end{pmatrix}$와 $B = \begin{pmatrix} b_{11} & b_{12} \\ b_{21} & b_{22} \end{pmatrix}$로 나타냈다면,

$$A + B = \begin{pmatrix} a_{11}+b_{11} & a_{12}+b_{12} \\ a_{21}+b_{21} & a_{22}+b_{22} \end{pmatrix}$$로 계산이 된다.

$$A - B = \begin{pmatrix} a_{11}-b_{11} & a_{12}-b_{12} \\ a_{21}-b_{21} & a_{22}-b_{22} \end{pmatrix}$$로 계산이 된다.

덧셈이나 뺄셈은 직접 연산을 하면 된다.

그리고 실수배라는 것이 있는데, 행렬에 실수를 곱하면 그만큼 배가 되는 성질이다.

실수배를 k로 하면 $kA = \begin{pmatrix} ka_{11} & ka_{12} \\ ka_{21} & ka_{22} \end{pmatrix}$, $kB = \begin{pmatrix} kb_{11} & kb_{12} \\ kb_{21} & kb_{22} \end{pmatrix}$

계속해서 행렬을 세 개로 늘려 다음처럼 법칙을 만들어볼 수도 있다.

k, l이 실수이고 A, B, C가 같은 형태의 행렬이면,

(1) **교환법칙** : $A+B=B+A$

(2) **결합법칙** : $(A+B)+C=A+(B+C)$

(3) **분배법칙** : $(k+l)A=kA+lA$

$$k(A+B)=kA+kB$$

그러나 행렬의 곱셈은 교환법칙이 성립하지 않는다. 즉 $AB \neq BA$인 것이다. $A = \begin{pmatrix} 1 & 2 \\ 3 & 4 \end{pmatrix}$, $B = \begin{pmatrix} 3 & 7 \\ 5 & 8 \end{pmatrix}$를 통해 살펴보자.

$$AB = \begin{pmatrix} 13 & 23 \\ 29 & 53 \end{pmatrix}$$이고 $BA = \begin{pmatrix} 24 & 34 \\ 29 & 42 \end{pmatrix}$가 되어 $AB \neq BA$!

역행렬과 단위행렬

행렬 A가 $\begin{pmatrix} a & b \\ c & d \end{pmatrix}$일 때 $ad-bc \neq 0$인 조건을 가지고 역행렬 A^{-1}를 나타내면 $\dfrac{1}{ad-bc}\begin{pmatrix} d & -b \\ -c & a \end{pmatrix}$이다. 만약 $ad-bc$가 0이면 역행렬은 존재하지 않는다. A행렬과 역행렬 A^{-1}를 곱하면 단위행렬 E가 된다. 즉 $AA^{-1}=E$가 되는 것이다. 단위행렬 $E=\begin{pmatrix} 1 & 0 \\ 0 & 1 \end{pmatrix}$ 같은 행렬이다.

$$A=\begin{pmatrix} 7 & 2 \\ 2 & 1 \end{pmatrix} \text{이면 } A^{-1}=\frac{1}{7 \cdot 1 - 2 \cdot 2}\begin{pmatrix} 1 & -2 \\ -2 & 7 \end{pmatrix}=\frac{1}{3}\begin{pmatrix} 1 & -2 \\ -2 & 7 \end{pmatrix}$$

$$=\begin{pmatrix} \frac{1}{3} & -\frac{2}{3} \\ -\frac{2}{3} & \frac{7}{3} \end{pmatrix}$$

여기서 $AA^{-1}=\begin{pmatrix} 7 & 2 \\ 2 & 1 \end{pmatrix}\begin{pmatrix} \frac{1}{3} & -\frac{2}{3} \\ -\frac{2}{3} & \frac{7}{3} \end{pmatrix}=\begin{pmatrix} 1 & 0 \\ 0 & 1 \end{pmatrix}=E$가 된다.

역행렬의 성질은 다음 4가지가 있다.

(1) $(AB)^{-1}=B^{-1}A^{-1}$, $(ABC)^{-1}=C^{-1}B^{-1}A^{-1}$

(2) $(A^{-1})^{-1}=A$, $E^{-1}=E$

(3) $(kA)^{-1}=\dfrac{1}{k}A^{-1}$ (단, $k \neq 0$인 실수)

(4) $(A^n)^{-1}=(A^{-1})^n$ (단, n은 자연수)

행렬을 이용해 연립이원일차방정식의 해법을 발견한 수학자는 스위스의 크래머(1704~1752)였다. 크래머 외에도 행렬과 방정식의 밀접한 관계를 접목한 수학자는 많은데 이 중 한 가지 방법을 소개한다.

$$\begin{cases} 2x + 8y = 7 \\ 4x + 3y = 6 \end{cases}$$

이 방정식은 가감법과 대입법 등으로 종종 푼다. 행렬을 이용한다면 먼저 정사각행렬의 행렬식^{determinant}(줄여서 det)를 꼭 사용해 풀어야 한다. 정사각형의 행렬식 계산법은 $ad-bc$이다. $ad-bc$는 역행렬의 성립여부를 따질 때 썼던 그것이다.

예를 들어 $\begin{vmatrix} 2 & 8 \\ 4 & 3 \end{vmatrix}$ 은 $2 \times 3 - 8 \times 4 = -26$으로 계산한다.

$$x = \frac{\begin{vmatrix} 7 & 8 \\ 6 & 3 \end{vmatrix}}{\begin{vmatrix} 2 & 8 \\ 4 & 3 \end{vmatrix}} = \frac{-27}{-26} = \frac{27}{26} , \quad y = \frac{\begin{vmatrix} 2 & 7 \\ 4 & 6 \end{vmatrix}}{\begin{vmatrix} 2 & 8 \\ 4 & 3 \end{vmatrix}} = \frac{-16}{-26} = \frac{8}{13}$$

x,y의 값을 '크래머의 공식'으로 풀어 보았다. 이 방법은 연립삼원일차방정식까지는 풀 수 있지만 차수가 높아지면 풀기가 어려워진다는 단점이 있다. 그러나 많이 접하는 연립방정식에서는 해볼 만한 해법이다.

puzzle 7

아래 타일들을 정사각형 모양으로 배열해서 완성했을 때 가로로 읽어도 세로로 읽어도 같은 네 자릿수가 나오도록 해보세요.

| 7 | 4 | 6 |

| 5 |
| 1 |
| 1 |

| 2 | 9 |

| 1 | 1 | 8 |

| 4 |
| 6 |
| 5 |

| 3 | 2 |

제 9장

확률

확률은 사건이 일어날 수 있는 가능성을 수로 나타낸 것이다. 우리가 일상생활에서 어떤 사건이 일어나기 전에 예상을 할 때 쓰인다. 내일 날씨가 어떠할 것인지 예상하는 것과 일이 발생하고 난 후 그 일에 대해 대비하는 것도 포함된 단어이다.

주사위의 눈은 1부터 6까지 있다. 따라서 주사위를 한 번 던져서 나오는 눈은 1, 2, 3, 4, 5, 6이다. 이를 집합으로 표시하여 {1, 2, 3, 4, 5, 6}으로 나타낼 수 있다. 그리고 1, 2, 3, 4, 5, 6을 가리켜 사건이라 한다. 사건은 모든 가능성의 부분집합이다. 날씨도 맑음, 흐림, 눈, 비로 나타낼 수 있다. 계절에 따라 여름에는 이변이 일어나지 않는 한 눈은 사건에서 뺄 수 있다. 날씨를 상세히 구분

하여 사건을 나타낼 수도 있다. 또 우박을 넣어 사건을 다섯 가지로 만들 수도 있다.

사건은 전체 일어날 가능성이다. 사건은 한꺼번에 모두 일어나지 않으므로 주사위를 던지면 하나의 눈이 나온다. 이는 $\dfrac{가능성}{전체\ 가능성}$ 이라는 확률로 나타낼 수 있다. 여섯 눈 중 하나의 눈이 나오므로 확률은 $\dfrac{1}{6}$이다. 동전은 앞면(H)과 뒷면(T) 중 하나가 나오면 되므로 $\dfrac{1}{2}$이다. 따라서 외워야 할 공식이라기보다 수학적인 약속이 있어야 모든 사람이 알아볼 수 있으므로 확률의 이니셜 P를 약자로 $n(S)$는 모든 사건을, $n(A)$는 사건 A가 일어나는 사건을 $P(A)=\dfrac{n(A)}{n(S)}$로 나타낸다.

방금 주사위를 한 번 던져서 나올 확률이 $\dfrac{1}{6}$, 동전을 한 번 던져서 나올 확률이 $\dfrac{1}{2}$이라 했는데, 주사위를 던져서 0의 눈이 나올 확률은 얼마나 될까? $\dfrac{0}{6}$이 되어 0이다. 그러면 주사위를 한 번 던질 때 주사위의 눈이 자연수일 확률은? 주사위의 모든 눈은 자연수이므로 당연히 $\dfrac{6}{6}$은 1이 된다. 따라서 확률에서 $P(A)$는 범위가 있는데 0보다 크거나 같고 1보다 작거나 같다. 즉 $0 \le P(A) \le 1$이다. 그리고 $P(A)=1$이면 반드시 일어나는 사건이며 $P(A)=0$이면 절대 일어나지 않는 사건이다. 또 $P(A)$가 음수($-$)가 되는 것은 모순이다.

확률은 집합과 관련이 있어서 집합처럼 기호를 나타내 덧셈정리와 여사건을 나타낼 수 있다. 배반사건은 두 사건이 교집합이 없는 독립 사건이어서 교집합이 공집합인 사건이다. 따라서 여사건은 여집합과 같은 의

미로 생각하면 된다.

(1) $P(A \cup B) = P(A) + P(B)$

(2) 두 사건이 배반사건이면 $A \cap B = \varnothing$ 이므로 $P(A \cup B) = P(A) + P(B)$

(3) $P(A^c) = 1 - P(A)$

(3)번은 어떤 남녀공학 고등학교에서 남학생이 $\frac{2}{5}$, 여학생이 $\frac{3}{5}$ 이라면 남학생이 아닐 확률은 '1 - 남학생일 확률'로 계산이 되어 $1 - \frac{2}{5} = \frac{3}{5}$ 이 됨을 알 수 있다.

조건부확률

어떤 실험 E를 시행하여 사건이 발생하면 A가 일어났다는 조건에서 B가 일어날 확률을 A에 대한 B의 **조건부확률**이라 한다. 그리고 $P(B|A)$로 나타낸다.

$$P(B|A) = \frac{P(A \cap B)}{P(A)},\ P(A) \neq 0$$

확률분포

한 개의 동전을 던지는 실험에서 앞면이 나오는 것을 H^{Head}, 뒷면이 나오는 것을 T^{tale}로 하자. 동전을 두 번 던지면 나오는 경우를 표본공간 S로 하면 $S = \{HH,\ HT,\ TH,\ TT\}$가 된다. 즉 네 가지 경우가 된다. 만약 앞면이 나오는 횟수를 X로 한다면 X가 가질 수 있는 값은 2, 1, 0이 된다. 앞면을 기준으로 한 것이다.

	HH	HT	TH	TT
앞면이 나온 횟수 X	2	1	1	0

여기서 앞면이 나온 횟수인 X값은 동전을 두 번 던진 실험결과에서 나타나는 값이다. 항상 이렇게 나오는 것은 아니므로 우연적인 실험결과로 본다. X값은 일정한 확률로 보는 것인데 이렇게 우연적인 확률로 보는 변수를 확률변수$^{\text{randome variable}}$라 한다. 확률변수는 어떤 실험결과가 나오느냐에 따라 차이가 있다. 즉 다르게 정할 수 있는 것이다.

확률변수 X가 셀 수 있는 값을 가지면 X를 이산확률변수^{discrete} $^{\text{random variable}}$라 하고, 셀 수 없는 무한개의 값을 가지면 연속확률변수 $^{\text{continuous random variable}}$라 한다.

지금부터 이산확률분포에 대해 알아보자.

이산확률분포

이산확률변수에서 X의 값을 크기순으로 x_1, x_2, x_3, …로 한다면 임의의 X값 $X=x_k$에는 확률 $P(X=x_k)$의 값이 대응한다. 이것을 $f(x_k)$로 하면 $f(x_k)$가 가지는 성질은 모든 x_k에 대해 0보다 크거나 같다. 그리고 $\sum_{k=1}^{\infty} f(x_k)=1$이다.

이처럼 정의한 f를 확률변수 X의 확률밀도함수 probability density function 라 한다. $X=x_k$와 $f(x_k)$의 모든 대응을 확률분포 probability distribution, 이 것들을 표로 만들면 확률분포표라고 부른다.

두 개의 주사위를 동시에 던졌을 때 나타난 두 주사위의 눈의 수의 합을 X로 하면 $P(X=2)=f(2)=\dfrac{1}{36}$이 된다. 주사위의 눈의 합이 2가 되는 경우는 1, 1이 될 수밖에 없기 때문이다.

$P(X=3)=f(3)=\dfrac{2}{36}$가 된다. 주사위의 눈의 합이 3이 되는 것을 순서쌍으로 나타내면 (1, 2), (2, 1)이 되기 때문이다. 이것을 표로 나타내면 다음과 같다.

X	2	3	4	5	6	7	8	9	10	11	12
$f(X)$	$\dfrac{1}{36}$	$\dfrac{2}{36}$	$\dfrac{3}{36}$	$\dfrac{4}{36}$	$\dfrac{5}{36}$	$\dfrac{6}{36}$	$\dfrac{5}{36}$	$\dfrac{4}{36}$	$\dfrac{3}{36}$	$\dfrac{2}{36}$	$\dfrac{1}{36}$

이것을 주사위로 나오는 눈으로 나타낸 확률분포도는 다음과 같다.

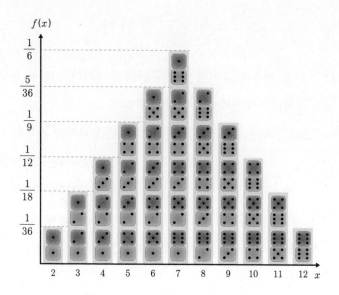

확률변수 X가 n개의 값 x_1, x_2, x_3, $\cdots$, x_n의 어느 값을 갖는다면 이들이 가지는 확률을 p_1, p_2, p_3로 했을 때

$$x_1 p_1 + x_2 p_2 + \cdots, \; x_n p_n$$

을 평균이라 한다. 평균은 **기댓값** expectation 으로 불리며 $E(X)$로 나타낸다.

$$E(X) = \sum_{k=1}^{n} x_k p_k$$

그래서 주사위를 두 번 던졌을 때 나오는 눈의 합에 대한 평균은 $2 \cdot \dfrac{1}{36} + 3 \cdot \dfrac{2}{36} + \cdots + 12 \cdot \dfrac{1}{36}$ 으로, 계산하면 7이 된다.

분산과 표준편차

분산^{variance}은 변수의 흩어진 정도를 나타낸 것이다. 그래서 평균에서 어느 정도 벗어났는지를 측정하는 지표가 된다.

분산이 크다는 것은 흩어진 정도가 크기 때문에 각각의 관측치가 평균에서 많이 떨어졌다는 뜻이고 고루 분포가 되지 않았다는 의미이다. 반대로 분산이 작으면 평균에 몰려 있으므로 분포가 고르다.

그림에서 ①은 분포가 큰 편이고 ②는 분포가 작은 편에 속한다. 그래프를 보면 분포가 작을수록 더 뾰족한 분포를 나타내는 것을 알 수 있다.

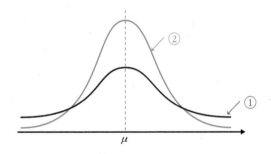

$$V(X) = E\left[\left\{X - E(X)\right\}^2\right]\right] = \sum_{k=1}^{n} (x_k - \mu)^2 p_k$$

각각의 관측치에서 평균을 뺀 것을 제곱하여 모두 더하면 분산이 된다. 그래서 주사위의 두 눈의 합에 대한 분산을 구하면 다음과 같다.

$$V(X) = (2-7)^2 \cdot \frac{1}{36} + (3-7)^2 \cdot \frac{2}{36} + \cdots + (12-7)^2 \cdot \frac{1}{36}$$

$$= \frac{1}{36}(25 \times 1 + 16 \times 2 + \cdots + 25 \times 1)$$

$$= \frac{35}{6}$$

계속해서 이번에는 표준편차에 대해 알아보자. 표준편차^{standard} deviation는 분산에 제곱근을 씌운 것으로 σ로 나타낸다. 분산에 제곱근을 씌우면 $x_k - \mu$의 제곱의 합에 확률의 곱을 계산한 분산에 제곱근을 씌운 것이므로 그만큼 평균에 더 접근하여 평균에서 얼마만큼 떨어지는가를 더 자세히 알 수 있다.

분산은 다음의 세 가지 성질이 있다.

(1) $V(X) = E(X^2) - \{E(X)\}^2$

(2) $V(aX + b) = a^2 V(X)$

(3) $X_1, X_2, \cdots, X_n$이 서로 독립일 때

$$V(X_1 + X_2 + \cdots + X_n) = V(X_1) + V(X_2) + \cdots + V(X_n)$$

이항분포

주사위를 n번 던져서 특정한 눈이 한 개 나오는 확률을 생각하면 ${}_nC_x p^x q^{n-x}$가 되고, $\sum_{x=0}^{n} {}_nC_x p^x q^{n-x} = 1$이다. 그렇다면 주사위를 3번 던져서 2의 눈이 3회 나올 확률을 구해보자.

$_3C_2\left(\dfrac{1}{6}\right)^2\left(\dfrac{5}{6}\right)^{3-2}=\dfrac{5}{72}$ 가 된다. 이항분포$^{\text{binomial distribution}}$는 확률변

수 X에 대해 확률밀도함수가 $_nC_x p^x q^{n-x}$처럼 주어지는 확률분포이다.

정규분포와 마찬가지로 모집단이 가지는 이상적인 분포형으로 정규분

포가 연속변량인데 반해 이항분포는 이산변량이다.

이항분포를 $B(n,\ p)$로 나타낼 때 평균값 m은 $m=np$, 분산 V는

$npq\,(q=1-p)$이며, p가 0이나 1에 가깝지 않고 n이 충분히 크면 이

항분포는 정규분포(가우스분포)에 가까워진다.

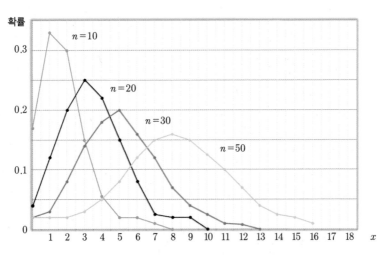

주사위를 10회, 20회, 30회, 50회 던졌을 때,
1이 x회 나올 확률을 그래프로 나타낸 것

위 그래프는 $B\left(n,\ \dfrac{1}{6}\right)$의 그래프이다. 특정한 눈이 나오는 것에 대

해 여러 번 시행(베르누이 시행)하면 n이 커짐에 따라 처음에는 왼쪽으로

쏠린 곡선 형태의 그래프가 나타나지만 점차 좌우대칭인 곡선 형태로 가까워지게 된다.

예를 들어 주사위를 5번 던져서 2의 눈이 2회 이상 나올 확률을 구하면, $P(X=2)+P(X=3)+P(X=4)+P(X=5)$로 구하면 된다.

$$P(X=2)={}_5C_2\left(\frac{1}{6}\right)^2\left(\frac{5}{6}\right)^{5-2} \text{이고}$$

$$P(X=3)={}_5C_3\left(\frac{1}{6}\right)^3\left(\frac{5}{6}\right)^{5-3} \text{이 되며,}$$

$$P(X=4)={}_5C_4\left(\frac{1}{6}\right)^4\left(\frac{5}{6}\right)^{5-4},$$

$$P(X=5)={}_5C_5\left(\frac{1}{6}\right)^5\left(\frac{5}{6}\right)^{5-5} \text{가 된다.}$$

이항분포도 평균과 분산을 구할 수 있다.

$X_1,\ X_2,\ \cdots,\ X_n$이 0과 1 중 어느 하나의 값을 가진다고 하면 $P(X_i=1)$은 p가 되고 $P(X_i=0)=1-p$가 된다. $1-p$는 q로 쓸 수 있다. $p+q=1$이기 때문이다.

그러면 $E(X_i)=1\times p+0\times q=p$ 즉 p가 된다.

$$V(X_i)=(1-p)^2\times p+(0-p)^2\times(1-p)$$
$$=p-p^2$$
$$=p(1-p)$$
$$=pq$$

표준정규분포

표준정규분포

평균이 0이고 분산이 1인 정규분포 $N(0, 1)$을 **표준정규분포**라 한다. 확률변수 Z가 표준정규분포 $N(0, 1)$을 따를 때 Z의 확률밀도함수 $f(z)$는 다음과 같다.

$$f(z)=\frac{1}{\sqrt{2\pi}\,\sigma}\,e^{-\frac{z^2}{2}}\ (-\infty < z < \infty)$$

정규분포의 표준화

확률변수 X가 정규분포 $N(\mu, \sigma^2)$을 따를 때 확률변수 $Z=\dfrac{X-\mu}{\sigma}$

는 표준정규분포 $N(0, 1)$을 따른다.

그리고 $P(a \le X \le b)=P\left(\dfrac{a-\mu}{\sigma} \le Z \le \dfrac{b-\mu}{\sigma}\right)$이다.

여기서 $E(Z)=E\left(\dfrac{X-\mu}{\sigma}\right)=\dfrac{1}{\sigma}E(X)=0,$

$V(Z)=V\left(\dfrac{X-m}{\sigma}\right)=\dfrac{1}{\sigma^2}V(X)=\dfrac{\sigma^2}{\sigma^2}=1$이다.

그림 1

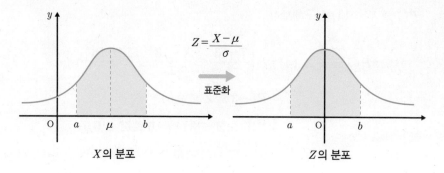

그림 2

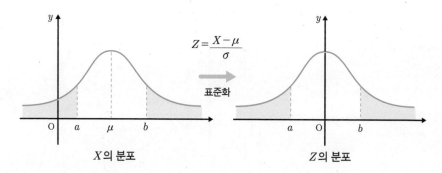

a와 b는 서로 대칭이다. X의 분포일 때 a와 b는 절댓값이 같다고 보면 된다. 왼쪽의 a가 음수이고 오른쪽의 b가 양수이다. 그림 1에서 $\int_{-\infty}^{\infty} f(x)dx = 1$이므로 μ를 기준으로 오른쪽의 넓이는 0.5이다.

그리고 $P(a \leq X \leq b) = P\left(\dfrac{a-\mu}{\sigma} \leq Z \leq \dfrac{b-\mu}{\sigma} \right)$을 나타낸다.

계속해서 이번에는 그림 2가 정규분포 $N(13,\ 2^2)$을 따를 때, $P(7 \leq X \leq 14)$를 구해보자.

$$P(7 \leq X \leq 14) = P\left(\frac{7-13}{2} \leq \frac{X-13}{2} \leq \frac{14-13}{2}\right)$$
$$= P(-3 \leq Z \leq 0.5)$$
$$= P(0 \leq Z \leq 3) + P(0 \leq Z \leq 0.5)$$
$$= 0.4987 + 0.1915$$
$$= 0.6902$$

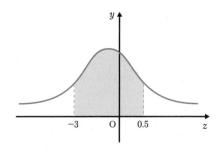

이번에는 정규분포 $N(13,\ 5^2)$을 따를 때, $P(X < 2)$를 구해보자.

$$P(X < 2) = P\left(\frac{X-13}{5} < \frac{2-13}{5}\right)$$
$$= P(Z < -2.2)$$
$$= P(Z > 2.2)$$
$$= 0.5 - 0.4861$$
$$= 0.0139$$

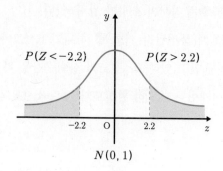

$N(0, 1)$

그림에서 보는 것처럼 대칭으로 생각하여, $P(Z < -2.2)$는 $P(Z > 2.2)$인 것을 알 수 있다.

X가 정규분포 $N(\mu, \sigma^2)$를 따를 때, $P(\mu - k\sigma < X < \mu + k\sigma)$를 $k = 1, 2, 3$을 대입하면 아래처럼 된다. k가 크면 정규분포의 신뢰구간이 더 커져서 더 많은 확률을 안고 있다고 할 수 있다.

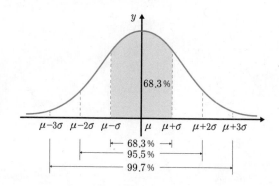

여론 조사에서 2σ 정도 내에 확률분포가 존재한다면 거의 믿을 수 있는 신뢰 수준이 된다. 만약 선거를 할 때 여론 조사에서 이러한 통계를

유용하게 쓴다면 좋은 리서치 조사가 될 수 있다.

제품을 개발할 때 품질관리 기법 중 하나인 6시그마는 $k=6$일 때이므로 더 넓은 폭을 안고 있다. 6σ 정도의 신뢰구간을 가진다면 불량률은 100만개 중 3~4개이니 대단히 완성도가 높은 것으로 볼 수 있다.

 아래 카드의 숫자는 무슨 규칙으로 배열이 되었을까요? 그리고 규칙
에 따라 다이아몬드 카드에 들어갈 숫자는?

답 224p

제10장

도형의 세계

평면도형에 대해

도형이란 점, 선, 면, 체 등을 통틀어 이르는 말이다. 그래서 점은 도형의 가장 기초적인 요소가 된다. 선은 점과 점을 연결한 집합으로 선 안에는 무수한 집합이 있다. 면은 선과 선이 연결한 집합으로 면 안에도 무수히 많은 선이 존재한다. 체는 면과 면이 모인 입체도형을 말한다.

가장 기본적인 면으로는 삼각형을 들 수 있다. 삼각형은 평면을 이루는 도형으로 선분이 적게 쓰이면서 그려지는 도형이다.

삼각형은 세 개의 선분으로 둘러싸인 도형이다. 지금부터 이를 살펴보자. 한 직선 위에 세 점을 찍는다.

그리고 선분으로 세 점을 이은 후 각 점을 A, B, C로 한다.

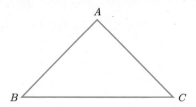

이렇게 하면 $\overline{AB}$, $\overline{BC}$, $\overline{CA}$의 합집합을 삼각형이라 말할 수 있다. 삼각형을 단순히 세 변에 둘러싸인 도형이라고 설명했다고 해서 잘못된 것은 아니지만, 세 변의 합집합이라 이해한다면 무수히 많은 점이 곧 삼각형을 이룬다는 것을 알 수 있다.

$$\triangle ABC = \overline{AB} \cup \overline{BC} \cup \overline{CA}$$

그리고 삼각형의 세 변 위에 무수히 많은 집합이 움직이는 것으로 이해할 때 $\triangle ABC$를 중심으로 바깥 집합을 외부, 안쪽 집합을 내부로 할 수 있다.

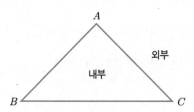

직선은 곡선이다?

직선⊂곡선이라 한다면 무슨 뚱딴지 같은 말이냐고 반문할 수도 있다. 직선^{直線}은 사전적 의미로도 꺾이거나 굽은 데가 없는 곧은 선 또는 두 점 사이를 가장 짧게 연결한 선으로 정의되기 때문이다.

곡선^{曲線}은 모나지 않게 부드럽게 굽은 선을 의미한다. 바다를 생각해 보자.

살짝 파도가 출렁이는 바다를 표현했는데 곡선이다. 그런데 잔잔한 바다는 수평선으로 바라보면 직선으로 보인다.

실제로 볼 때는 직선으로 본다는 의미이다.

그런데 한 개의 직선도 무수히 많은 점들이 모여 있는 것일 수도 있다.

그림을 좀 더 살펴보자. 선분 위에는 점들의 집합이 있지만 일직선처럼 정리되어 있지 않다. 그 점들은 굽은 형태로 모여 있다. 따라서 직선은 자세히 보면 곡선일 수도 있다는 의미이다.

개곡선과 폐곡선

위의 그림은 네 개의 직선과 곡선을 표현했다. 공통점은 시점(시작점)과 종점(끝나는 점)이 다르다는 것이다. 이렇게 시점과 종점이 만나지 않는 곡선을 개곡선이라 한다.

계속해서 다음 곡선을 보자.

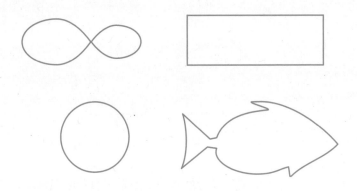

이것도 모양은 서로 다르지만 공통점이 있다. 시점과 종점이 만난다는 것이다. 이는 원도 마찬가지이다. 이를 폐곡선이라 한다.

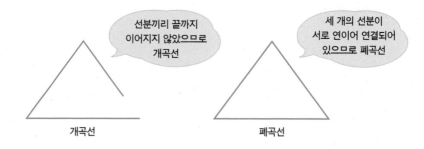

개곡선   폐곡선

폐곡선과 개곡선은 삼각형 모양을 띠고 있어도 선분이 끝까지 연결되어 있냐에 따라 차이가 있다. 세 선분으로 이루어진 폐곡선을 말하면 보통 삼각형을 떠올리면 된다. 이때 한 번에 그릴 수 있는 폐곡선이라면 단일폐곡선이라 한다.

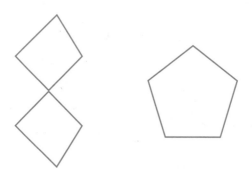

위의 도형은 두 도형 모두 폐곡선이지만 왼쪽은 시점을 시작으로 중복되는 점이 있다. 이를 중복점이라 한다. 오른쪽 도형은 중복점이 없다.

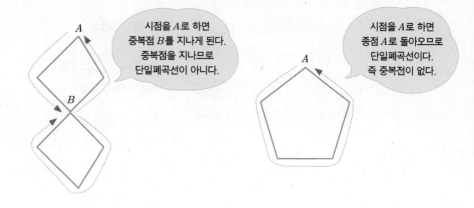

시점을 A로 하면 중복점 B를 지나게 된다. 중복점을 지나므로 단일폐곡선이 아니다.

시점을 A로 하면 종점 A로 돌아오므로 단일폐곡선이다. 즉 중복점이 없다.

입체도형에 대해

동전이 없었던 시대에는 주사위 같은 입체도형 물건을 사용해 운명을 점치곤 했단다. 5000여 년 전 중동지방의 '우르'라는 나라 사람들은 피라미드라는 조그만 물건을 굴리는 게임을 했지. 이 피라미드는 아주 작았으며 각 면이 정삼삼형으로 된 정사면체였어. 각기 다른 숫자가 적혀 있었고 귀퉁이에는 색이 칠해져 있었지. 어쩌면 최초의 주사위였을지도 몰라. 주사위는 여러 종류가 있어서 십이면체도 있고 이십면체도 있단다.

그런데 왜 정육면체의 주사위를 많이 쓰는 거죠?

그건 정육면체의 주사위가 잡기 쉬워서 그래. 쉽게 놓치지 않는 형태잖아. 또 제작할 때 다른 입체도형 모양의 주사위보다 비용이 덜 드는 장점도 있지.

정다면체의 종류

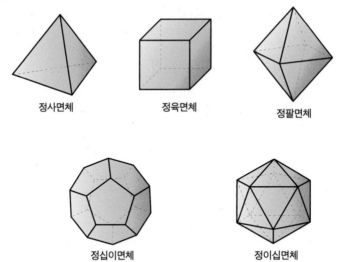

정사면체   정육면체   정팔면체

정십이면체   정이십면체

오일러^{Euler}의 다면체 정리

수학자 오일러는 정다면체를 연구하면서 꼭짓점(v), 모서리(e), 면(f)에 대해 어떤 공식이 성립함을 발견했다.

다면체에 성립하는 공식은 다음과 같다.

$$v - e + f = 2$$

예를 들어 정사면체가 오일러의 정다면체의 정리가 성립하는지 확인해보자. 정사면체는 꼭짓점(v)의 개수가 4개, 모서리(e)의 개수가 6개, 면(f)의 개수가 4개이다. 따라서 $v - e + f = 4 - 6 + 4 = 2$가 되어 증명이 된다. 다른 정다면체에도 이것을 대입하면 충족하는 것을 알 수 있다. 그런데 다음의 경우는 어떨까?

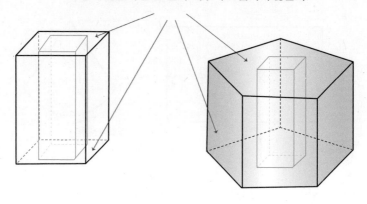

구멍이 뚫린 부분은 면의 개수에 포함하지 않는다.

　우선 왼쪽의 그림은 직육면체 모양의 구멍이 뚫린 직육면체이다. 이 입체도형은 꼭짓점, 모서리, 면의 개수가 16, 24, 8개이므로 $v-e+f=0$ 이다. 이때 관심을 갖고 세어볼 것은 면의 개수이다. 직육면체의 구멍이 뚫린 부분은 면의 개수에서 빼야 한다. 왜냐하면 면의 정의에서 면은 선분으로 둘러싸인 한 번에 그려지는 도형인데 구멍이 뚫려 있으면 한붓 그리기도 어렵지만 면으로 보기도 어렵기 때문이다. 따라서 제외되는 것을 기억하면 된다.

　오른쪽 그림도 같은 방법으로 하면 꼭짓점은 18, 모서리는 27, 면은 9 개로 $v-e+f=0$이 되는 것을 알 수 있다. 이것도 오일러의 다면체 정리에서 파생된 정리이다.

원기둥과 원뿔

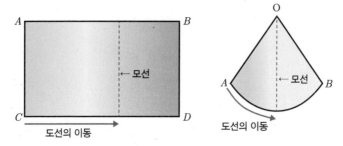

왼쪽 그림은 원기둥에서 밑면을 두 개 뺀 옆면의 모습으로 직사각형이다. 점 C에서 점 D로 점점 이동하는 선을 도선이라 한다면 도선이 $\overline{CD}$의 어느 한 점에 멈추었을 때 수직으로 만들어진 선을 모선이라 한다.

오른쪽 그림은 원뿔이다. 원뿔에서 점 A가 $\overarc{AB}$ 위에서 움직일 때 꼭 짓점 O에서 내린 선분과 만나면 그것도 모선이 된다.

원기둥은 모선이 비뚤어져 보이는 원기둥과 직원기둥이 있다. 대체로 직원기둥을 원기둥이라고 부른다. 원기둥을 단면으로 자르면 아래와 같다.

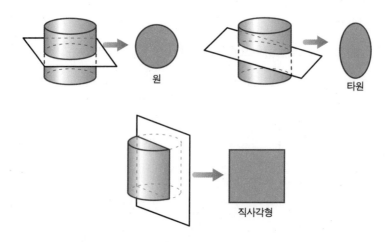

위의 그림처럼 원, 타원, 직사각형의 세 가지 모양이 나온다. 자르는 방향에 따라 차이가 있는 것이다. 별다른 조건이 없다면 원기둥은 보통 이런 형태가 된다.

　하지만 일상생활에서 많이 보거나 접하게 되는 원기둥, 사람들이 머릿속에 생각하는 원기둥은 직원기둥이다.

　원뿔도 자르는 방향에 따라 단면의 모양이 차이가 있다.

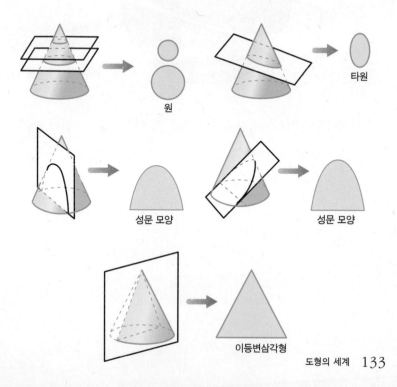

원

타원

성문 모양

성문 모양

이등변삼각형

구

구^{sphere}는 원점 O에서 일정한 거리에 있는 점의 집합이다. 원은 원의 중심에서 한 바퀴를 도는 집합이라면, 구는 여러 방향에서 여러 바퀴를 도는 점의 집합이라 할 수 있다. 또 여러 방향으로 잘라도 단면이 항상 원인 유일한 입체도형이다.

따라서 비스듬히 자르면 타원처럼 보이지만 실제로는 원이 된다.

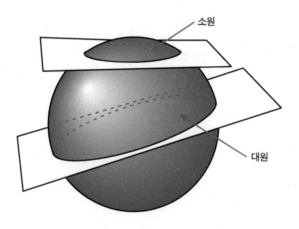

원의 중심을 지나는 평면의 모양으로 자르면 가장 큰 원이 생기는데 이를 대원^{great circle}, 중심을 지나지 않는 평면의 모양으로 자르면 소원 ^{small circle}이 된다.

원기둥, 구, 원뿔의 부피의 비

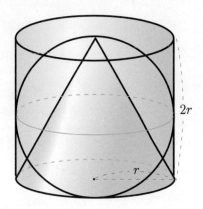

위의 그림을 보면 원기둥 안에 꽉 들어찬 구가 있고 다시 그 안에 원뿔도 들어 있는 것처럼 보인다. 그림에서 원기둥의 높이 $2r$은 구의 지름이 되고, 원뿔의 높이가 된다. 원기둥의 밑면의 반지름은 r로, 따라서 원기둥의 부피(V)는 원의 밑면의 넓이에 높이를 곱하면 된다.

$$\pi r^2 \times 2r = 2\pi r^3$$

구의 부피는 뒤의 적분에서 더 자세히 다룰 예정이지만 $\frac{4}{3}\pi r^3$이다. 또 원뿔의 부피는 $\frac{1}{3}\pi r^2 \times 2r = \frac{2}{3}\pi r^3$이다. 따라서 비례식으로 나타내어 약분하면 $3:2:1$이 된다.

원기둥의 부피 : 구의 부피 : 원뿔의 부피

$$= 2\pi r^3 : \frac{4}{3}\pi r^3 : \frac{2}{3}\pi r^3 = 3:2:1$$

다양한 쪽매맞춤^{tessellation}의 세계!

여러분은 길거리를 지나거나 어떤 조형물을 보았을 때 반복되는 도형이나 모양이 어우러져서 멋진 무늬나 그림을 이루는 것을 한번쯤은 본 적이 있을 것이다. 정삼각형·정사각형·정육각형처럼 똑같은 모양의 도형을 이용해 어떠한 빈틈이나 겹침도 없이 공간을 가득 채우는 것을 일컫는다. 테셀레이션은 4를 뜻하는 그리스어 '테세레스^{tesseres}'에서 유래한 용어로, 정사각형을 붙여 만드는 과정에서 생겨났다.

이러한 단순한 모양부터 현란한 모양까지 다양한 테셀레이션에도 수학의 도형이 어우러져 있는 것은 놀라운 사실이다.

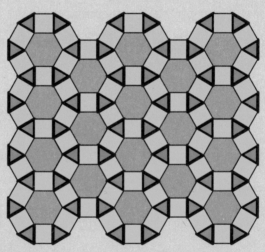

앞의 그림은 정삼각형과 정사각형, 정육각형으로 이루어진 테셀레이션이다. 세 가지 도형으로 만들어졌지만 이 테셀레이션은 커텐이나 보도블록 또는 유리에 새겨진 모양으로도 본 적이 있을 것이다. 단순한 도형만으로도 멋진 문양을 만들어낸 예이다.

오른쪽 그림은 검은 눈송이와 하얀 눈송이의 두 가지 색으로 이루어진 테셀레이션이지만 모양은 모두 같다. 테셀레이션이 선명하게 한 눈에 들어온다.

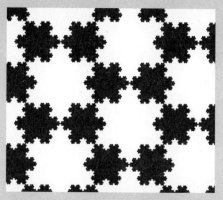

조선시대 한옥 내부의 창문은 테셀레이션의 대표적인 모습이다. 테셀레이션은 동·서양 어느 지역에서나

보이며, 기왓장에도 테셀레이션이 나타나 있다.

테셀레이션은 수학을 소개하는 도서에도 많이 수록되지만, 미학에서도 빼놓을 수 없는 분야여서 많은 이에게 감탄과 관심을 받고 있다.

제11장

벡터의 세계

스테빈
© Portrait by an unknown artist,
Leiden University Library

벡터는 벨기에 출신의 네덜란드 수학자 스테빈Simon Stevin(1548~1620)이 발견했다. 당시 식민지 정복전쟁이 치열했던 유럽에서는 항해술이 중요한 학문이었던 만큼 벡터의 발견과 항해술의 발전은 필연이었다.

두 힘의 크기나 방향을 나타내는 데부터 시작하는 벡터는 행성 간의 운동방향에도 적용하여 천문학에도 상당한 발전을 이루게 되었다.

너희들 혹시 스칼라^{scalar}라고 들어봤니?

, 아뇨. 음… 혹시 철학에서 나온 말 아닌가요?

아니! 벡터에서 처음 나오는 말이야. 스칼라는 크기만으로 정해지는 양으로 길이, 넓이, 무게, 온도, 밀도, 전하량 등 여러 가지가 있지.

그럼 운동장의 넓이가 500㎡이라던가 제 키가 160㎝인 것이 스칼라인가요?

그렇단다.

그럼 스칼라처럼 크기만으로 결정되는 것 말고 또 있나요?

그것이 앞으로 알게 될 벡터^{vector}라는 것이야. 벡터는 과학과도 관계가 깊은 만큼 역시나 수학과 과학은 형제라 이 관계가 증명되지.

벡터는 정의가 어떻게 되나요?

벡터는 크기와 방향을 가지는 양을 말해.

한 점 A와 또 다른 한 점 B가 있는데 점 A에서 시작해서 점 B로 향한다고 해봐.

왼쪽에서 오른쪽으로 향하는 것을 알 수 있지?

그러면 점 A를 시점, 점 B를 종점이라고 해.

그리고 벡터를 $\overrightarrow{AB}$로 나타내지. 한 문자를 써서 $\vec{a}$로 나타낼 수도 있어.

그러면 위에서 아래로 향하는 벡터를 나타내고 싶을 때는 어떻게 해요? 위에서 아래로 향했는데 $\vec{c}$ 로 해도 되는 거예요?

그래. $\vec{d}$ 로 해도 관계는 없어. 단 다른 사람이 보아도 쉽게 이해가 간다면 좋은 표기가 되겠지.

그러면 벡터는 모든 방향을 다 나타낼 수 있겠네요?

그렇단다. 벡터로 모든 방향을 다 나타낼 수 있어. 나침반이나 좌표계를 생각해도 돼. 그리고 알아야 할 것이 있는데, 벡터의 크기는 절댓값을 써서 구한다는 것이지. 우선 벡터 $\overrightarrow{AB}$ 의 크기는 $|\overrightarrow{AB}|$ 로 나타내거나 간단하게 $|\vec{a}|$ 로 나타내기도 해. 벡터의 크기가 1일 때가 있어. 그때는 단위벡터라고 해. 단위라는 말은 많이 들어봤지? 단위원이란 말은? 반지름의 길이가 1인 원인데 벡터에도 단위벡터가 종종 나와. 이때는 벡터의 크기가 1인 벡터라고 기억하면 돼.

그리고 영벡터라는 것도 있어. 크기가 0인 벡터지. 이것은 한 점을 말해. 다음 두 벡터를 직접 살펴볼까?

똑같은 벡터가 두 개 있네요?

그렇단다. 두 벡터가 같다는 것을 의미하지. 여러 개 그려도 항상 같은 것이야. 집합에서도 같은 두 집합을 상등집합이라고 하잖아. 벡터도 상등벡터라고 해. 별로 어렵지 않지?

그러네요.

그러면 다음 두 벡터를 볼까?

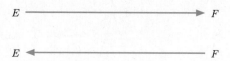

두 벡터가 크기는 같지만 방향은 달라. 이러한 벡터를 역벡터라고 해. 그리고 $\overrightarrow{EF}$는 $-\overrightarrow{FE}$로 나타낼 수 있어.

그러면 이젠 직사각형을 보자.

$\overrightarrow{AC}$ 와 같은 상등인 벡터는 무엇일까?

음… 그러니까 $\overrightarrow{BD}$ 가 되겠네요.

그럼 민호에게 물어볼게. $\overrightarrow{AB}$ 와 상등인 것은?

$\overrightarrow{CD}$ 네요.

그럼 정사각형이면 상등인 벡터가 달라질까?

아니요. 방향이 다르기 때문에 상등인 벡터는 변하지 않아요. 벡터의 의미가 아니라 스칼라를 의미하는 길이의 의미라면 네 변이 같다고 할 수 있지만 벡터는 그런 것에 해당하지는 않네요.

빙고! 그러면 정오각형을 보자.

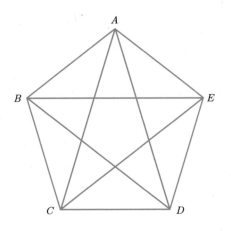

$\overrightarrow{AB}$와 상등인 벡터를 찾아볼래?

😊 없는 것 같은데요.

😄 그래요. 없어요.

😎 정오각형 안쪽의 꼭짓점을 점 F, 점 G, 점 H, 점 I, 점 J로 하면 $\overrightarrow{IC}$, $\overrightarrow{EH}$ 이야. 평행사변형 $BCIA$와 $BHEA$를 생각하면 돼.

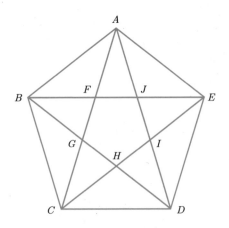

그러면 정육각형을 보자.

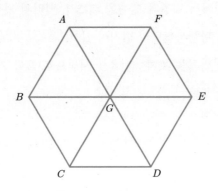

$\overrightarrow{AB}$ 와 상등인 벡터를 찾을 수 있겠니?

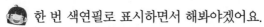 한 번 색연필로 표시하면서 해봐야겠어요.

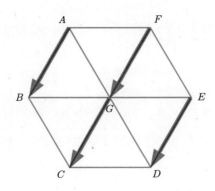

그어보니깐 $\overrightarrow{FG}$, $\overrightarrow{GC}$, $\overrightarrow{ED}$가 있네요. 검토해봐도 세 개가 나와요.

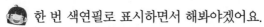 맞았어. 크기와 방향이 같은 벡터를 찾기 위해선 이렇게 선분을 그어보면 돼. 칠각형이든 팔각형이든 도형이 복잡해져도 벡터의 상등은 그림으로 그려서 찾을 수 있다는 것을 알 수 있겠지?

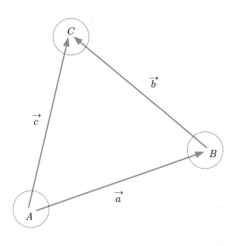 네.

이젠 벡터에서 덧셈과 뺄셈을 해보자. 벡터의 덧셈은 일반적으로 삼각형의 법칙과 평행사변형의 법칙이 있어.

먼저 삼각형의 법칙을 보자. 점 A를 시점으로 B를 거쳐서 C에 종점으로 도달한다고 해봐.

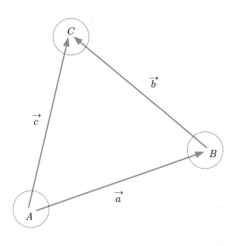

점 A, 점 B, 점 C를 징검다리로 생각해도 좋아. 이때 점 A에서 점 B를 $\vec{a}$로, 점 B에서 점 C를 $\vec{b}$로 하자고. 결국 점 A에서 C까지의 이동은 $\vec{a} + \vec{b}$가 되지? A에서 점 C로 이동하면 $\vec{c}$가 되는 것이고 그러면 말이야. $\vec{a} + \vec{b} = \vec{c}$가 되지? 이것을 정리해보면 다음과 같아.

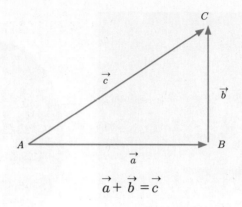

$$\vec{a} + \vec{b} = \vec{c}$$

그럼 어떻게 보면 $\vec{c}$ 가 두 벡터의 합이지만 지름길이라는 생각도 들지 않겠어?

😊 그렇네요!

😎 이번에는 말이야. 평행사변형의 법칙에 대해 알아볼까? 두 벡터 $\vec{a}$ 와 $\vec{b}$ 가 있어.

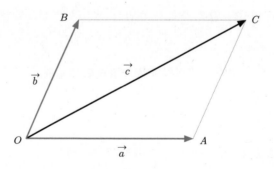

$\vec{c}$ 는 $\vec{a} + \vec{b}$ 잖아! 그렇다면 결국 $\vec{c}$ 는 $\vec{a}$ 와 $\vec{b}$ 의 합으로 나타낼 수 있는 거지. 꼭 마술사가 양손 사이에서 비둘기를 날리듯이 말이야.

해밀턴

마술사의 다양한 마술들.

이러한 두 벡터의 합은 수학자 해밀턴$^{\text{W.R Hamilton}}$(1805~1865)이 발견했지.

벡터는 덧셈에 대해 교환법칙과 결합법칙도 성립해.

교환법칙 $\vec{a} + \vec{b} = \vec{b} + \vec{a}$

결합법칙 $\left(\vec{a} + \vec{b} \right) + \vec{c} = \vec{a} + \left(\vec{b} + \vec{c} \right)$

뭐 별로 어려운 것 없지?

이제 뺄셈을 해볼까? 점 A를 시점으로 점 C를 종점으로 하는 벡터를 보자.

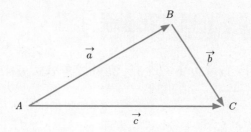

방금 전에 한 것이니 어렵지는 않을 거야. $\vec{b}$ 를 나타낼 때 $\vec{a}+\vec{b}$ 를 써서 $\vec{b}=\vec{c}-\vec{a}$ 로 나타낼 수 있지.

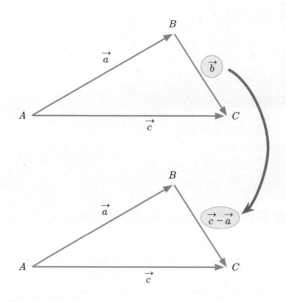

이것이 벡터의 뺄셈이야.

벡터와 실수의 곱

 $a + a$ 는 $2a$ 이고, $b+b+b$ 는 $3b$ 인 것은 알고 있지?

네.

저도 알아요.

갑자기 연산 이야기는 왜 했냐면 벡터도 정수와 유리수의 연산과 동일한 점이 있어서야. $\vec{a} + \vec{a}$ 는 $2\vec{a}$ 가 되지. 뭐 별거 없지? 그러면 그림으로 나타내 보자.

무엇이 달라졌지?

길이가 2배로 늘어났어요.

방향은?

방향은 바뀌지 않았네요.

그래. 그러면 $\vec{b}$ 와 $-3\vec{b}$ 를 비교해보자.

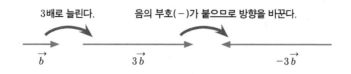

가운데 벡터는 바꾸기 위한 과정이므로 왼쪽과 오른쪽 벡터만 비교하면 되겠지?

제가 대답해볼께요. 벡터가 3배로 늘어났지만 방향이 반대 방향으로 바뀌었네요.

맞단다. 잘 알아맞췄네.

그러면 $\vec{c}$ 와 $-\dfrac{3}{4}\vec{c}$ 는 어떻게 비교가 되나요?

그것도 그림을 그려보면 금방 알 수 있지.

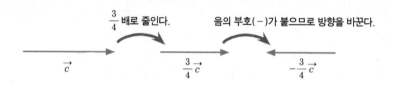

$\dfrac{3}{4}$ 배로 줄인다.   음의 부호($-$)가 붙으므로 방향을 바꾼다.

$\vec{c}$ $\dfrac{3}{4}\vec{c}$ $-\dfrac{3}{4}\vec{c}$

이것도 왼쪽 그림과 오른쪽 그림을 비교하면 되겠네. 크기도 줄고 방향도 반대로 된 것을 알겠지?

그렇네요. 그러면 영벡터의 예를 생각했을 때 벡터에 0이라는 정수를 곱하면 무조건 $\vec{0}$ 가 되는 건가요?

그래. 그래서 벡터와 실수의 곱은 다음과 같이 정리할 수 있어.

벡터와 실수의 곱

실수 k와 벡터 $\vec{a}$ 의 곱 $k\vec{a}$ 는

(1) k가 0보다 클 때는 $\vec{a}$ 와 같은 방향이며 크기는 $k|\vec{a}|$ 이다.

(2) k가 0보다 작을 때는 $\vec{a}$ 와 반대 방향이며 크기는 $|k| \cdot |\vec{a}|$ 이다.

(3) k가 0이면 영벡터가 된다. $0 \cdot \vec{a} = \vec{0}$

(2)에서 알 수 있는 것은 벡터의 크기가 음수가 없기 때문에 k에 절댓값을 씌우는 것이야. 이제 이것도 결합법칙이나 교환법칙이 성립하는지 알아볼까?

벡터의 실수의 곱에 대해서는 m과 n을 임의의 실수라고 해보자. 이때 다음의 세 가지 성질이 있지.

(1) $(mn)\vec{a} = m(n\vec{a}) = n(m\vec{a}) = mn\vec{a}$

(2) $(m+n)\vec{a} = m\vec{a} + n\vec{a}$, $m(\vec{a} + \vec{b}) = m\vec{a} + n\vec{a}$

(3) $0 \cdot \vec{a} = \vec{0}$, $1 \cdot \vec{a} = \vec{a}$, $m \cdot \vec{0} = \vec{0}$

(1)은 m과 n을 실수로 볼 때 결합법칙이 성립하는 것을 나타내지. 꼭 유리수의 정수의 곱에 관한 결합법칙과 같아. 이건 쉽게 이해되지?

(2)는 분배법칙을 나타내.

(3)은 0에 어떠한 벡터를 곱해도 그 벡터는 $\vec{0}$인 것을 확인한다고 보면 돼. 그리고 $1 \times a$가 a가 되는 것처럼 $1 \cdot \vec{a} = \vec{a}$도 된다는 것도 알겠지?

 네.

위치벡터로 다양하게 나타낸다!

분점의 위치벡터

평면 또는 공간에서 $\overline{AB}$ 를 $m:n$으로 내분하는 점을 P, 외분하는 점을 Q로 하면 다음과 같다$(m \neq n)$.

$$\overrightarrow{P} = \frac{m\overrightarrow{b} + n\overrightarrow{a}}{m+n}$$

$$\overrightarrow{q} = \frac{m\overrightarrow{b} - n\overrightarrow{a}}{m-n}$$

분점의 위치벡터에서 내분점에 대한 그림은 다음과 같다.

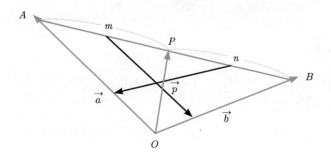

삼각형의 무게중심(G)의 위치벡터

$\triangle ABC$의 무게중심을 G로 하자. 점 A, 점 B, 점 C, 점 G의 위치벡터를 $\overrightarrow{a}$, $\overrightarrow{b}$, $\overrightarrow{c}$, $\overrightarrow{g}$로 하면 $\overrightarrow{g} = \frac{1}{3}(\overrightarrow{a} + \overrightarrow{b} + \overrightarrow{c})$

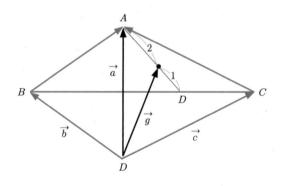

다음 그림이 보이지?

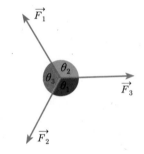

, 네.

위의 벡터를 삼각형으로 만들어볼까? 벡터를 위치이동만 하면 어렵지는 않아. 선분마다 색이 다르니까 구별이 될거야.

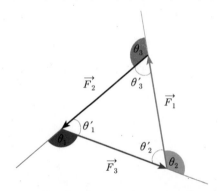

하나의 삼각형이 만들어졌어요.

여기에서 꼭 기억해야 할 것! sin에서 $\sin\theta$와 $\sin(180° - \theta)$가 같은 것은 알고 있지?

윽…… 두통이……!

삼각함수가 수학의 여러 분야에 폭넓게 쓰여서 그렇단다. 자주 나오는 것은 힘들더라도 기억해두렴. 아마 나중엔 많은 도움이 될 거야.

그러면 삼각형이 만들어졌으니 sin법칙에서

$$\frac{a}{\sin A} = \frac{b}{\sin B} = \frac{c}{\sin C}$$ 를 적용하여

$$\frac{|\vec{F_1}|}{\sin\theta'_1} = \frac{|\vec{F_2}|}{\sin\theta'_2} = \frac{|\vec{F_3}|}{\sin\theta'_3}$$ 가 되지.

그런데 이것을 알아야 돼. $\sin\theta'_1 = \sin\theta_1$이므로 프라임 기호는 생략해도 되는 거야. 그러면 결과적으로 다음과 같이 돼.

$$\frac{|\vec{F_1}|}{\sin\theta_1} = \frac{|\vec{F_2}|}{\sin\theta_2} = \frac{|\vec{F_3}|}{\sin\theta_3}$$

이것은 과학에도 많이 쓰이며 라미의 정리^{Lamie Theorem}라고 해.

벡터의 성분을 알아보자!

평면벡터의 성분

좌표평면을 그려보자. 이미 여러분은 좌표평면에서 점의 위치를 표시하는 것을 알고 있다. 그렇다면 원점 O를 시작으로 해서 이런 경우는 $\overrightarrow{OA}$를 $\vec{a}$로 할 때 점 A의 좌표를 $(a_1,\ a_2)$로 했다면, a_1을 $\vec{a}$의 x성분이라 한다. 이에 따라 a_2는 $\vec{a}$의 y성분이라고 하며 $\vec{a}=(a_1,\ a_2)$으로 나타낸다.

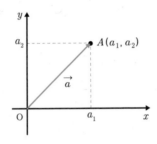

🧑 그러면 $\vec{a}$의 크기는 어떻게 구할 것 같니?

🧒 아마 A좌표가 나왔으니 $\sqrt{a_1^2+a_2^2}$ 일 거예요.

🧑 맞아. 너희 정사영 알지?

🧒 그림자의 길이 구하는 거 말씀이세요?

🧑 정의로는 틀렸네. 정의는 도형에 수직으로 빛을 비추었을 때 생기는 그림자를 말해. 그러면 다음 그림을 살펴볼까?

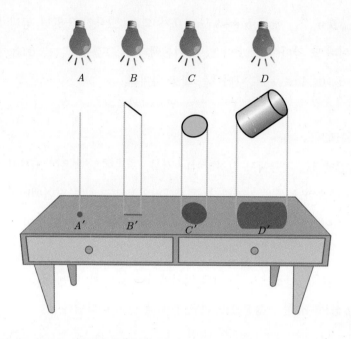

위에서 아래로 빛을 비추면 점을 빼고는 모양이 달라지지. 물론 같은 경우도 얼마든지 있어.

B와 B'를 보자구. B의 정사영은 B'잖아. 그런데 여기서 B와 B'를 그림처럼 맞닿아 보면,

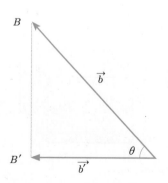

$\cos\theta = \dfrac{\vec{b'}}{|\vec{b}|}$ 에서 $b' = |\vec{b}|\cos\theta$가 되지. 코사인을 알면 금방 알게 돼. 이때 또 알아야 할 것이 있어. **기본벡터**야. 그것은 $E_1(1,\ 0)$을 $\vec{e_1}$으로, $E_2(0,\ 1)$을 $\vec{e_2}$로 나타내는 것을 의미해.

공간벡터의 성분

공간벡터는 과학에서 전기장이나 전류, 전압에도 응용이 되므로 벡터에서 중요한 부분을 차지한다. 공간벡터의 성분표시는 평면벡터와 크게 차이점이 없다. 다만 x, y, z축으로 공간벡터를 나타내는 것이 다를 뿐이다.

공간의 점 $A(a_1,\ a_2,\ a_3)$의 위치벡터를 $\vec{a}$로 할 때 a_1을 x성분, a_2를 y성분, a_3를 z성분으로 하면, 다음과 같이 나타낸다.

$$\vec{a} = (a_1,\ a_2,\ a_3)$$

그리고 $\vec{a}$의 크기는 $|\vec{a}| = \sqrt{a_1{}^2 + a_2{}^2 + a_3{}^2}$ 이 된다.

그림으로 보면 다음과 같다.

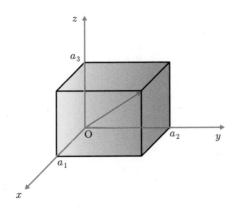

이것은 벡터의 내적을 구하기 위한 것으로, 이것을 위해 벡터를 배우는 것이다!

벡터의 내적은 처음 들어보지? 백터의 내적에 대해 알아볼까? 이제 $|\vec{a}|$, $|\vec{b}|$, $\cos\theta$를 알았으니 따라올 수 있을 거야.

벡터의 내적은 $\vec{a}$와 $\vec{b}$가 $\vec{0}$이 아닌 것을 전제조건으로 하지. 이때 $\vec{a}$와 $\vec{b}$의 곱을 $\vec{a} \cdot \vec{b}$로 나타내는데 이것을 내적이라고 부른단다. 그러니까 두 벡터의 곱을 내적으로 한 것이지.

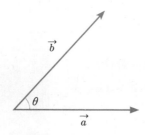

따라서 $\vec{a} \cdot \vec{b} = |\vec{a}| \cdot |\vec{b}| \cos\theta$지.

$\vec{a}$와 $\vec{b}$가 동시에 $\vec{0}$가 될 수는 없다고 전제조건에서 말했잖아. 그리고 또 하나 알아둘 것이 있어. $\vec{a}$가 0이거나 $\vec{b}$가 0이면 $\vec{a} \cdot \vec{b} = 0$이돼. 실수의 성질과 같지?

그렇네요.

$\vec{a} \cdot \vec{b} = |\vec{a}| \cdot |\vec{b}| \cos\theta$를 $\cos\theta$에 관해 정리하면

$\cos\theta = \dfrac{\vec{a} \cdot \vec{b}}{|\vec{a}| \cdot |\vec{b}|}$로 나타낼 수가 있지. 둘 중 어떤 형식으로 나타내

도 벡터 문제를 푸는 데는 별 상관이 없어. 선택은 너희들이 하면 돼.

🧑 그렇네요.

🧑 평면벡터일 때 내적의 성분이 주어진다면

$$\vec{a} = (a_1,\ a_2),$$

$$\vec{b} = (b_1,\ b_2)$$로 주어지기 때문에

$$\vec{a} \cdot \vec{b} = a_1 b_1 + a_2 b_2$$가 되는 거란다.

물론 공간벡터일 때 내적의 성분이 주어지면

$$\vec{a} = (a_1,\ a_2,\ a_3),\ \vec{b} = (b_1,\ b_2,\ b_3)$$로 주어져서

$$\vec{a} \cdot \vec{b} = a_1 b_1 + a_2 b_2 + a_3 b_3$$가 된단다.

벡터의 내적을 창안한 수학자는 독일의 수학자이자 언어학자인 그라스만$^{\text{Hermann Günther Grassmann}}$ (1809~1877)이야. 출판한 수학책의 내용이 너무 어려워서 가우스도 독자들이 쉽게 이해할 수 있는 수학 용어와 설명을 해달라고 편지를 보낼 정도였다고 해.

그라스만

이 분의 연구로 벡터에 관한 내용은 체계를 갖추었고, 많은 수학자들이 그라스만에게 인류 역사상 가장 획기적인 수학자라고 했지.

이제 정사영 문제를 하나 풀어볼까? 원리와 개념을 이해했다면 문제

를 통해 제대로 이해했는지 확인하는 것이 좋아.

$\overrightarrow{OA}$가 (2, 3, −7)이고 $\overrightarrow{OB}$가 (−1, 2, 6)일 때 $\overrightarrow{OA}$의 정사영이 $\overrightarrow{OB}$ 위의 $\overrightarrow{OH}$라면 정사영의 크기는 얼마일까?

조금 더 빨리, 정확히 풀어보고 싶다면 그림을 그려서 생각해보면 돼.

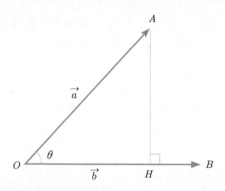

그러면 $\overrightarrow{OH}$가 정사영이란 것이 한눈에 들어오지. 그리고 $\overrightarrow{OH}$는 $\overrightarrow{OB}$보다는 짧은 벡터인 것도 알게 될 것이고 이제 벡터의 내적을 알아야겠네!

벡터의 내적인 $\overrightarrow{OA} \cdot \overrightarrow{OB} = (2, 3, -7) \cdot (-1, 2, 6) = -38$이며,

$|\overrightarrow{OA}| = \sqrt{2^2 + 3^2 + (-7)^2} = \sqrt{62}$가 되지.

$|\overrightarrow{OB}| = \sqrt{(-1)^2 + 2^2 + 6^2} = \sqrt{41}$이야.

그러면 위의 그림처럼 $|\overrightarrow{OH}| = \left| |\overrightarrow{OA}| \cos \theta \right| = \left| \dfrac{\overrightarrow{OA} \cdot \overrightarrow{OB}}{|\overrightarrow{OB}|} \right|$가 되

지. 각각 대입하면 $|\overrightarrow{OH}| = \dfrac{38}{41}\sqrt{41}$ 이가 된단다. 정사영의 크기가 나왔지?!

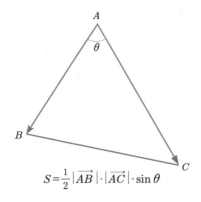 계산이 조금씩 어려워지네요?

그렇지만 그나마 연산이 간단한 거야. 또 하나 풀어볼까?

$A(1, 1, 1)$, $B(2, 2, 3)$, $C(4, 7, 6)$이 있어. 세 점을 이용해 $\triangle ABC$의 넓이를 구해봐.

먼저 $|\overrightarrow{AB}| = \sqrt{1^2+1^2+2^2} = \sqrt{6}$, $|\overrightarrow{AC}| = \sqrt{3^2+6^2+5^2} = \sqrt{70}$ 이 되지. $\overrightarrow{AB}\cdot\overrightarrow{AC} = (1, 1, 2)\cdot(3, 6, 5) = 3+6+10 = 19$가 되잖아. 그러면 이것을 이용해 삼각형의 넓이를 구해볼까?

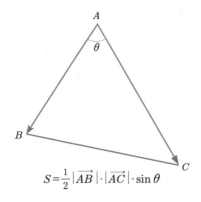

$$S = \frac{1}{2}|\overrightarrow{AB}|\cdot|\overrightarrow{AC}|\cdot\sin\theta$$

삼각형의 넓이 S를 구하는 공식이야. 식을 세워보면

$$S = \frac{1}{2}|\overrightarrow{AB}|\cdot|\overrightarrow{AC}|\cdot\sin\theta = \frac{1}{2}\sqrt{6}\sqrt{70}\cdot\sqrt{1-\cos^2\theta}$$

$$\left(\text{여기서}\ \cos\theta = \frac{19}{\sqrt{6}\sqrt{70}} = \frac{19}{2\sqrt{105}}\right)$$

$$= \frac{\sqrt{6} \cdot \sqrt{70}}{2} \times \sqrt{1 - \frac{19^2}{420}}$$

$$= \frac{\sqrt{420}}{2} \times \sqrt{\frac{59}{420}}$$

$$= \frac{\sqrt{59}}{2}$$

어때 구했지?

숫자가 좀 복잡하게 나오네요.

문제를 많이 풀어볼수록 이해도 더 쉽고 응용력을 키울 수 있어. 그런 의미에서 한 문제 더 풀어보자.

$\overrightarrow{OA} = 3$, $\overrightarrow{OB} = 5$인 삼각형이 있다고 하자. $\angle AOB = 45°$이고 $\triangle OAB$에서 $\overrightarrow{OA}$ 위의 한 점 P를 $\overrightarrow{OA} \cdot \overrightarrow{PB} = \sqrt{2}$ 일 때, $\overrightarrow{PB}$를 $\overrightarrow{OA}$와 $\overrightarrow{OB}$로 나타내볼까?

그림을 한 번 그려보자.

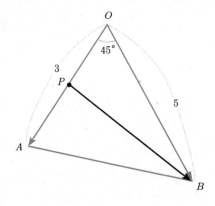

$\overrightarrow{OA} \cdot \overrightarrow{OB}$ 의 내적을 먼저 구하는 것이 순서겠지?

$$\overrightarrow{OA} \cdot \overrightarrow{OB} = |\overrightarrow{OA}| \cdot |\overrightarrow{OB}| \cos \theta$$

$\qquad\qquad\qquad |\overrightarrow{OA}| = 3, |\overrightarrow{OB}| = 5,\ \theta = 45°$를 대입하면

$$= 3 \cdot 5 \cdot \cos 45°$$

$$= \frac{15}{2}\sqrt{2}$$

내적은 구했으니 이제 $\overrightarrow{OA} \cdot \overrightarrow{PB} = \sqrt{2}$ 를 이용해 $\overrightarrow{PB}$ 를 구해야겠지?

$$\overrightarrow{PB} = \overrightarrow{OB} - \overrightarrow{OP} = \vec{b} - k\overrightarrow{OA}$$

$$= \vec{b} - k\vec{a}$$

이므로

$$\overrightarrow{OA} \cdot \overrightarrow{PB} = \vec{a}(\vec{b} - k\vec{a})$$

$$= \vec{a} \cdot \vec{b} - k|\vec{a}|^2$$

$\qquad\qquad\qquad\qquad |\vec{a}|^2 = 9$를 대입하면

$$= \vec{a} \cdot \vec{b} - 9k$$

$\qquad\qquad\qquad\qquad \vec{a} \cdot \vec{b} = \frac{15}{2}\sqrt{2}$ 을 대입하면

$$= \frac{15}{2}\sqrt{2} - 9k = \sqrt{2}$$

이것을 풀면 $k = \dfrac{13}{18}\sqrt{2}$ 가 돼. 그러면 $\overrightarrow{PB} = \vec{b} - \dfrac{13\sqrt{2}}{18}\vec{a}$ 가 돼.

벡터의 수직과 평행

벡터가 수직일 때는 굳이 그림을 그리지 않더라도 그림을 떠올릴 수 있을 것이다.

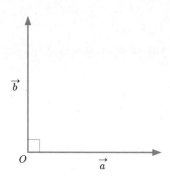

$\vec{a} \perp \vec{b}$ 일 때는 $\vec{a} \cdot \vec{b} = 0$이 된다. 증명을 하면 다음과 같다.

$$\vec{a} \cdot \vec{b} = |\vec{a}| \cdot |\vec{b}| \cos 90°$$
$$= |\vec{a}| \cdot |\vec{b}| \cdot 0$$
$$= 0$$

평행일 때는 $\vec{a}$와 $\vec{b}$가 $0°$ 또는 $180°$를 가지기 때문에
$\vec{a} \cdot \vec{b} = \pm |\vec{a}| \, |\vec{b}|$를 갖게 된다.

🧑 그러면 $\vec{a} = (1, 2)$, $\vec{b} = (-1, x+1)$가 서로 수직일 때 x를 풀어볼까?

🙂 $\vec{a} \cdot \vec{b} = 0$이 되는 것을 이용하면 되겠네요?

🧑 그렇단다.

그러면 $\vec{a} \cdot \vec{b} = 1 \times (-1) + 2(x+1)$

$$= -1 + 2x + 2 = 0$$

$$\therefore x = -\frac{1}{2}$$

잘 풀었네. 그럼 또 하나 풀어보자. 다음과 같은 직각이등변삼각형 OAB가 있어.

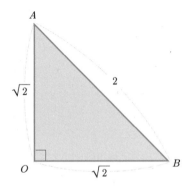

한 변이 $\sqrt{2}$ 이고 빗변은 2라는 것을 한눈에 알 수 있지. 이제 벡터기호를 결정해보자. $\overrightarrow{OA} = \vec{a}$, $\overrightarrow{OB} = \vec{b}$, $\overrightarrow{AB} = \vec{c}$ 로 하고 이것을 이용해 $\vec{q} = 5(\vec{a} + 2\vec{b}) + \vec{c}$ 의 크기를 구해보자.

그러면 유쌤. $|\vec{q}|$ 를 구하는 건가요?

그렇단다.

그러면 다시 한번 그림을 그려볼게요.

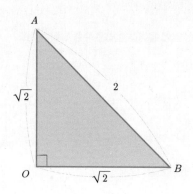

$\vec{a} \cdot \vec{b} = 0$인 것을 알 수 있어요. 이것을 이용한다면 식도 간단히 할 수 있구요.

$\vec{a} + \vec{c} = \vec{b}$ 이니 $\vec{c} = \vec{b} - \vec{a}$로 할까요?

그러면 $\vec{q} = 5(\vec{a} + 2\vec{b}) + \vec{c} = 5(\vec{a} + 2\vec{b}) + \vec{b} - \vec{a}$
$$= 4\vec{a} + 11\vec{b}$$

로 바꾸어 쓸 수 있구나.

그리고 $|\vec{q}|$를 구할 때는 절댓값의 제곱을 구한 후 제곱근을 씌우는 방법으로 풀기 때문에 다음처럼 나와요.

$$|\vec{q}|^2 = 16|\vec{a}|^2 + 88\vec{a} \cdot \vec{b} + 121|\vec{b}|^2$$
$$= 16 \cdot \sqrt{2}^2 + 88 \cdot 0 + 121\sqrt{2}^2$$
$$= 274$$
$$\therefore |\vec{q}| = \sqrt{274}$$

우와~ 따라오기는 했지만 머리가 어지러워요.

빈 칸에 들어갈 알맞은 수를 넣어 보세요.

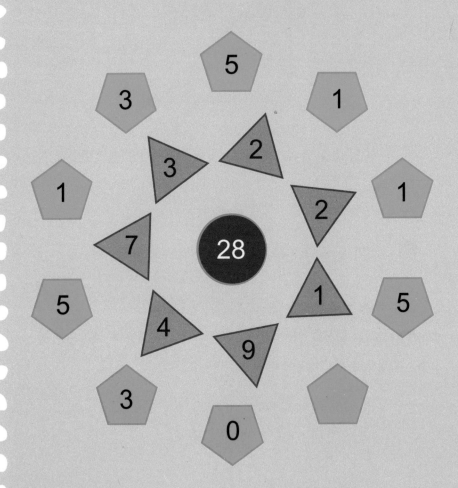

답 224p

제 12장

미분과 적분

미분은 왜 중요할까?

미분이나 적분을 공부하다 보면 왜 이 복잡한 것을 배워야 하나 이해가 가지 않을 때가 있었을 것이다. 사실 중고등학생들이 수포자가 되는경우도 이 미적분이 걸려서 그리 되는 경우가 적지 않다. 그렇다면 살아가는 데 전혀 도움이 될 것 같지 않은 미적분이 왜 '수학의 꽃'이라고 불리는 걸까?

미분은 수학의 한 분야로 함수를 좀 더 정확하게 이해하기 위해서 필요한 부분이다. 또 순간변화율 즉 어떤 행동을 했을 때 그 순간을 말하는것이 미분이다.

그렇다면 과학과는 어떤 관련을 갖고 있는 것일까? 수학에서의 행동하는 순간이란 무엇을 말하는 것일까?

우선 과학에서 쓰이는 미분을 살펴보자. 과학의 미분은 속력의 개념을 가지고 있다. 가령 서울에서 부산까지 여행을 떠났다. 대략 5시간이 걸릴 것을 예상하는 여행이었다.

휴식을 취하기 위해 서울과 부산의 중간 지점에 있는 단양에 들리기로 했다. 도착해 시간을 보니 서울에서 출발한 지 3시간이 지나 있었다. 굳이 단양이 아니어도 좋다. 서울에서 부산까지의 거리 중 $\frac{2}{3}$에 해당하는 대구에 들렀다. 대구에 도착한 시간을 보니 서울에서 대구까지 3시간 20분이 걸렸다.

그렇다면 단양에서 부산까지는 대략 얼마의 시간이 걸릴까? 또는 대구에서 부산까지는 대략 얼마의 시간이 걸릴 것인지 우리는 예상할 수 있다. 즉 부분적인 시간의 변화율을 계산하여 전체 시간을 예상해볼 수 있는 것이다.

또 다른 예를 들어보겠다. 닷새 전부터 점점 날씨가 따뜻해지기 시작했다. 닷새 전에는 10℃였지만 나흘 전에는 11℃, 사흘 전에는 12℃, 이틀 전에는 13℃, 하루 전에는 14℃가 되었다. 그렇다면 오늘의 기온은 어떻게 예상되는가? 대략 15℃ 정도로 예상이 될 것이다. 이 경우에도 하루 순간을 측정해보니 1℃의 변화가 감지되고 있기 때문이다.

다음 그림은 통계청의 자료를 토대로 나온 인구 증가 예상표이다. 2010년 국내 인구가 5000만을 넘어서자 기존의 자료를 분석하고 구간적이나마 6000만 명의 인구가 예상되는 년도를 예측해본 것이다.

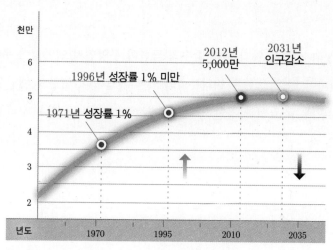

연도별 인구 증가 추이를 수치로 나타낸 자료(통계청 장래인구추계, 2010)

이것도 미분의 한 과정이다. 미분을 통해 그래프의 형태를 예상하면 어떤 구간에서 자료를 예측할 수 있다.

미분은 원인이기도 하다. 원인은 어떤 사물이나 상태를 변화시키거나 일으키게 하는 근본이 된 일이나 사건을 정의한다. 그렇다면 원인을 밝혀내는 학문인 걸까? 그렇다. 미분은 원인을 알아내는 학문이다.

미리 알아두어야 할 함수의 극한과 연속성

 미분과 적분을 알기 전에 함수의 극한이 무엇인지 연속성이 무엇인지를 알아야 한다. 극한은 미적분학의 기본 개념이다. 극한의 개념을 도입하기 위해 limit의 약자인 lim을 수학적 기호로 사용한다. 수직선을 생각해보자.

 3에 가까워지는 것을 나타낸 것인데 여기서 x는 3에 수렴한다고 한다. 즉 3에 가까워지는 것이다. 그런데 수렴에는 두 가지 방향이 있다. 하나는 왼쪽에서 수렴하여 3이 되고, 다른 하나는 오른쪽에서 수렴하여 3이 되었다. 이것은 $x \to 3$일 때를 두 가지로 나눈 것인데 $x \to 3-0$은 왼쪽에서 $x \to 3+0$은 오른쪽에서 가까워져서 결국 3에 수렴한다고 이해하면 된다. 왼쪽에서 접근하여 3에 수렴하는 것을 좌극한, 오른쪽에서 접근하여 3에 수렴하는 것을 우극한이라고 한다. 이것을 이제 함수로 생각해보자.

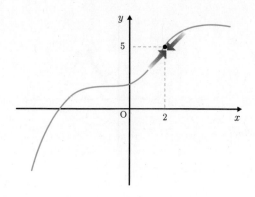

함수 $f(x)$의 x값이 2에 수렴하고 y값이 5에 수렴하는 것을 알 수 있지? 그런데 이 경우 함수 $f(x)$의 수렴여부를 아는 것이기 때문에 5에 수렴한다고 해.

그렇네요. 좌극한과 우극한을 해봐도 한 점에 수렴하네요. 이때 좌극한값도 우극한값도 $y=5$가 되고 이것을 극한값이라고 하는 거죠?

유쌤! 그러면 함수의 수렴을 수학적 약속으로 정리할 수 있나요?

물론이지. $x \rightarrow a$일 때 $f(x) \rightarrow L$ 또는 $\lim\limits_{x \to a} f(x) = L$로 할 수 있어. 의미는 알겠지? L도 $y=5$를 나타낸다는 것도 알고 있겠고. 우극한으로 가까워지는 것을 limit로 나타내면 $\lim\limits_{x \to 2+0} f(x) = 5$가 되고, 좌극한으로 가까워지는 것을 limit로 나타내면 $\lim\limits_{x \to 2-0} f(x) = 5$가 되는 것을 알 수 있겠지?

그러면 극한이 수렴만 있나요?

수렴만 있으면 다행인데 발산도 있단다. 다음 그래프를 보자.

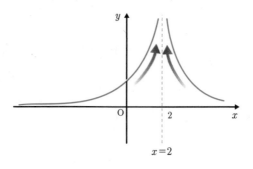

$y = f(x)$가 $x = 2$에 수렴해 나가면 y값이 결정이 되어야 하는데 계속 위로 뻗어올라가지? 무한대로 올라가잖아. 이럴 때는 발산한다고 해. 발산은 무한대(∞)의 극한값으로 구할 수 없이 무한하게 나아가지. 예를 들어 $y = \dfrac{2}{x}$의 그래프를 그려 직접 확인해보자.

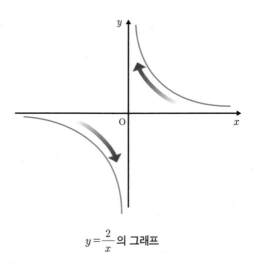

$y = \dfrac{2}{x}$의 그래프

$y = \dfrac{2}{x}$ 그래프를 보니 좌극한일 때는 아래로 계속 뻗어나가기 때문에

$-\infty$가 되고 우극한일 때는 ∞가 되지. 따라서 기호로 극한값을 나타낼 수 있겠지?

$$\lim_{x \to 0-0} \frac{2}{x} = -\infty$$: 좌극한일 때는 음의 무한대로 발산한다. 즉 극한값을 정할 수 없다.

$$\lim_{x \to 0+0} \frac{2}{x} = \infty$$: 우극한일 때는 양의 무한대로 발산한다. 즉 극한값을 정할 수 없다.

이렇게 극한값을 정할 수 없는 무한대 중 발산하는 경우를 알아봤는데 어렵지만 다음과 같은 경우에도 발산하는 예가 되지.

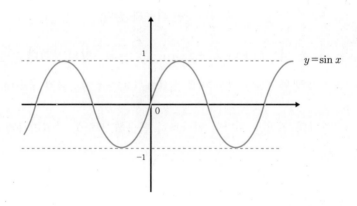

위 그래프는 $y = \sin x$를 나타낸 것인데, 어떤 극한값에 수렴한다고 볼 수 없어. y값이 -1에서 1로 계속 오르락내리락하는 거야. 이것을 진동이라고 해.

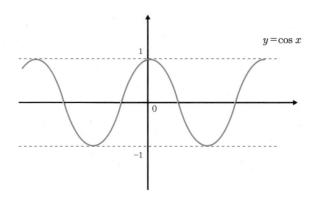

$y = \cos x$

cos x 그래프도 위와 같이 계속 진동하는 거야. 그리고 진동은 발산의 부분집합이라고 할 수 있지.

발산을 수학 규칙으로 나타내면 다음과 같다.

$x \to a$일 때 $f(x) \to \infty$ 또는 $\lim_{x \to a} f(x) = \infty$: 양의 무한대로 발산

$x \to a$일 때 $f(x) \to -\infty$ 또는 $\lim_{x \to a} f(x) = -\infty$: 음의 무한대로 발산

극한값의 연산은 수학의 연산처럼 단순히 생각하면 편리하게 이해할 수 있다.

$\lim_{x \to a} f(x) = L,\ \lim_{x \to a} g(x) = M$일 때

(1) k를 상수로 하면 $\lim_{x \to a} kf(x) = kL$

(2) $\lim_{x \to a} \{f(x) \pm g(x) = L \pm M$ (복호동순)

(3) $\lim_{x \to a} \{f(x)g(x)\} = LM$

(4) $\lim_{x \to a} \dfrac{f(x)}{g(x)} = \dfrac{L}{M}$ (단 $M \neq 0$)

(5) $f(x) < g(x)$이면 $L \leq M$

그러면 기본 성질을 토대로 몇 문제 풀어보자.

먼저 $\lim\limits_{x \to 2} 3x$.

(1)번 기본 성질을 이용해 풀어보는 거니깐 너무 겁먹을 필요는 없어.

$$\lim_{x \to 2} 3x = 3\lim_{x \to 2} x$$
$$= 3 \cdot 2$$
$$= 6$$

이해가 되지?

그렇네요.

이번에는 (2)번을 이용해 문제를 풀어볼까? $\lim\limits_{x \to 2} (6x + 7)$을 풀어

보자.

$$\lim_{x \to 2} (6x + 7) = \lim_{x \to 2} 6x + \lim_{x \to 2} 7$$
$$= 12 + 7$$
$$= 19$$

이번엔 (3)을 이용해볼까? $\lim\limits_{x \to 2} 6x^2$을 풀어보자.

$$\lim_{x \to 2} 6x^2 = \lim_{x \to 2} 6x \times x$$
$$= 12 \times 2$$
$$= 24$$

(4)번을 이용한 문제는 $\lim\limits_{x \to 5} \dfrac{2x}{x^2 + 1}$를 풀어보면서 이해하도록 하자.

$$\lim_{x \to 5} \frac{2x}{x^2+1} = \frac{\lim\limits_{x \to 5} 2x}{\lim\limits_{x \to 5} (x^2+1)}$$

$$= \frac{2 \cdot 5}{5^2+1}$$

$$= \frac{5}{13}$$

극한값 계산

c를 상수로 할 때 무한대(∞)$\times c = \infty$가 된다. 무한대(∞)에 어떠한 수를 곱해도 그 수는 무한대가 되기 때문이다. 그만큼 무한대는 큰 수이다. $-\infty$에 c를 곱해도 그 수는 $-\infty$가 된다. 이것은 별로 어렵지 않다. 그러면 ∞에 0을 곱하면 그 수는 어떻게 될까? 아무리 큰 수라도 그 수에 0을 곱하면 그 수는 0이 된다.

그러면 이번에는 $\frac{\infty}{c}$와 $\frac{c}{\infty}$을 생각해보자. $\frac{1}{\infty}$은 분모가 무한하게 커지므로 0에 가깝다는 것을 알 수 있다. 만약 $\frac{1}{\infty}$이 추상적으로 생각된다면 몇 개의 수를 대입해 증명해본다.

분모에 1부터 대입하면, $\frac{1}{1}$, $\frac{1}{2}$, $\frac{1}{3}$, $\frac{1}{4}$, $\frac{1}{5}$, ⋯

점점 0에 가까워지지만 0이 되지는 않는다. 따라서 $\frac{c}{\infty}$는 c에 $\frac{1}{\infty}$을 곱한 것이므로 c에 0을 곱했을 때 0이 된다.

$\dfrac{\infty}{c}$는 $\dfrac{c}{\infty}$의 역수이기 때문에 ∞가 된다.

극한값에서 많이 접하게 되는 형태는 $\dfrac{\infty}{\infty}$ 형태와 $\dfrac{0}{0}$ 형태이다.

$\dfrac{\infty}{\infty}$ 형태는 푸는 방법이 있는데 분수식일 때는 최고차항으로 분모, 분자를 나누는 것이다.

$\lim\limits_{x \to \infty} \dfrac{2x+7}{x^2+x+3}$의 극한값을 구해보자. x에 무한대를 대입하면 $\dfrac{\infty}{\infty}$ 형태가 된다. 분모는 이차식이고 분자는 일차식이다. 그러면 가장 높은 차수는 이차가 된다. 이차가 최고차항이므로 x^2으로 분모와 분자를 나눈다.

$$\lim_{x \to \infty} \frac{2x+7}{x^2+x+3}$$

분모와 분자를 x^2으로 나눈다.

$$= \lim_{x \to \infty} \frac{\dfrac{2}{x}+\dfrac{7}{x^2}}{1+\dfrac{1}{x}+\dfrac{3}{x^2}}$$

그러면 x가 무한대로 가기 때문에 $\dfrac{2}{x}$, $\dfrac{7}{x^2}$, $\dfrac{1}{x}$, $\dfrac{3}{x^2}$은 0에 가까워지는 것을 알 수 있다.

$$= \lim_{x \to \infty} \frac{\overset{=0}{\dfrac{2}{x}}+\overset{=0}{\dfrac{7}{x^2}}}{1+\underset{=0}{\dfrac{1}{x}}+\underset{=0}{\dfrac{3}{x^2}}}$$

$$= \lim_{x \to \infty} \frac{0}{1} = 0$$

극한값을 구하려는 데 분모의 차수와 분자의 그것이 같을 때는 빨리 풀리는 요령이 있다. 우선 $\lim\limits_{x \to \infty} \dfrac{3x^2+6x+9}{x^2+2x+4}$ 를 원칙대로 풀어보려면 분모와 분자를 x^2으로 나누는 것이 떠오를 것이다.

$$\lim_{x \to \infty} \frac{3x^2+6x+9}{x^2+2x+4}$$

분모와 분자를 x^2으로 나누면

$$= \lim_{x \to \infty} \frac{3+\overset{=0}{\left(\dfrac{6}{x}\right)}+\overset{=0}{\left(\dfrac{9}{x^2}\right)}}{1+\underset{=0}{\left(\dfrac{2}{x}\right)}+\underset{=0}{\left(\dfrac{4}{x^2}\right)}}$$

$$= \lim_{x \to \infty} \frac{3}{1} = 3$$

그런데 최고차항의 계수만 끄집어내서 유리수로 나타내면 더 빨리 풀 수 있다. 이차항의 계수가 3과 1이므로,

$$\lim_{x \to \infty} \frac{3x^2+6x+9}{1 \cdot x^2+2x+4}$$

따라서 $\dfrac{3}{1}=3$이 되는 것이다.

$\lim\limits_{x \to \infty} \dfrac{3x^2+6x+9}{x^2+2x+4}$ 도 풀면 $\dfrac{3}{1}=3$이 된다.

이번에는 $\dfrac{0}{0}$ 형태의 극한값을 구해보자.

$\dfrac{0}{0}$ 형태는 인수분해가 된다면 식을 인수분해해보고 통분도 해보면서 극한값을 구할 수 있다. 문제의 형태는 다양하므로 한 가지 방법으로 생각하기에는 무리가 있다.

$\displaystyle\lim_{x\to 0}\frac{1}{x}\left\{\frac{1}{(x+3)^2}-\frac{1}{9}\right\}$ 을 풀어보자. 문제를 풀어보기 전 x에 0을 대입하면 $\dfrac{0}{0}$ 형태임을 알 수 있다.

$$\lim_{x\to 0}\frac{1}{x}\left\{\frac{1}{(x+3)^2}-\frac{1}{9}\right\}$$

통분하면

$$=\lim_{x\to 0}\frac{1}{x}\left\{\frac{9-(x+3)^2}{9(x+3)^2}\right\}$$

$$=\lim_{x\to 0}\frac{1}{x}\times\frac{-x^2-6x}{9(x+3)^2}$$

$$=\lim_{x\to 0}\frac{1}{x}\times\frac{-x(x+6)}{9(x+3)^2}$$

$$=-\lim_{x\to 0}\frac{x+6}{9(x+3)^2}$$

$$=-\lim_{x\to 0}\frac{6}{9\times 9}$$

$$=-\frac{2}{27}$$

무리식의 극한값에 대한 다른 문제를 보자.

$\displaystyle\lim_{x\to 0}\frac{\sqrt{x+4}-2}{x}$ 를 풀어보면, x에 0을 대입했을 때 $\dfrac{0}{0}$ 형태임을 알 수 있다. 무리식의 분모의 유리화와는 달리 무리식이 등장하면 켤레무리수 $\sqrt{x+4}+2$를 분모와 분자에 곱한다.

$$\lim_{x \to 0} \frac{\sqrt{x+4} - 2}{x}$$

$$= \lim_{x \to 0} \frac{\left(\sqrt{x+4} - 2\right)\left(\sqrt{x+4} + 2\right)}{x \cdot \left(\sqrt{x+4} + 2\right)}$$

$$= \lim_{x \to 0} \frac{\cancel{x}}{\cancel{x} \cdot \left(\sqrt{x+4} + 2\right)}$$

약분하면

$$= \lim_{x \to 0} \frac{1}{4} = \frac{1}{4}$$

함수가 연속이냐 불연속이냐!

함수의 연속과 불연속은 세 가지의 조건을 갖추느냐 아니냐에 달려 있다. 세 가지 조건은 다음과 같으며 그중 어느 하나를 갖추지 못해도 그 함수는 불연속이 된다.

함수 $f(x)$가

    (1) $x = a$에서 $f(a)$를 가진다.

    (2) $\lim\limits_{x \to a} f(x)$가 존재한다.

    (3) $\lim\limits_{x \to a} f(x) = f(a)$이다.

함수의 그래프를 보자.

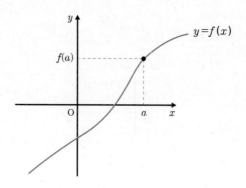

$x=a$에서 $f(a)$값을 가지는 것을 볼 수 있으므로 조건 ⑴은 갖춘 것
이다. 그렇다면 조건 ⑴을 갖추지 않은 그래프는 어떤 그래프일까?

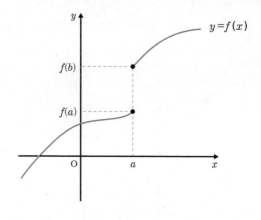

위의 그래프를 보면 $x=a$일 때 $f(a)$와 $f(b)$를 가지는 것을 알 수 있
다. 그러면 함수값이 두 개가 된다. 그래프가 뚝 끊기다 보니 하나의 함

수값을 가지지 못한 예이다. 이는 조건 (1)이 성립하지 않는 단적인 예이다.

다시 원래의 그래프를 보자.

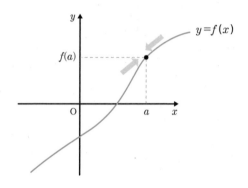

좌극한값과 우극한값이 $x=a$일 때 $f(a)$를 가진다는 것을 알 수 있다. 이것은 조건 (2)에 해당하는 예이다. 다음의 그래프는 이러한 예를 갖지 못한 경우이다.

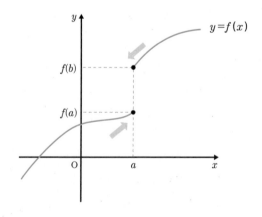

좌극한값을 보면 $f(a)$, 우극한값을 보면 $f(b)$이다. $f(a) \neq f(b)$이므로 극한값이 존재하지 않는 예가 된다.

조건 (1)과 조건 (2)의 조건을 갖추고 함숫값과 극한값이 같으면 조건 (3)을 갖추어서 연속이 되는 것이다.

변화율과 도함수에 관하여

변화란 사물의 모양, 상태, 성질이 변하는 것을 말한다. 미분에서 말하는 변화율 rate of change 은 순간변화율을 말하는데 이에 앞서 평균변화율이 무엇인지 알아보자.

평균변화율은 x의 변화율에 대한 y의 변화율이다. 이때 평균변화율은 구간을 임의로 정할 수 있다. 구간은 크거나 작게 정해도 관계 없다. 문제가 주어졌을 때는 구간이 유한으로 주어져서 그에 대해 풀기 위해 주어지는 것이다.

$y = x$ 라는 그래프를 보자. 이것은 일차함수이다.

기울기는 x 앞의 계수인 1이다. 이것은 그래프로도 알 수 있지만 변화율의 개념을 알게 되면 비교해볼 수 있다.

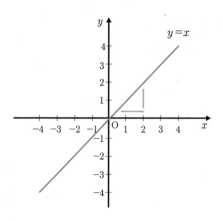

$y=x$ 그래프는 x가 1에서 2까지 변화할 때(혹은 증가할 때), y도 1에서 2까지 증가한다. 따라서 기울기도 $\dfrac{y의\ 증가량}{x의\ 증가량}=\dfrac{1}{1}=1$이다. 미분은 함수에서 쓰는 단어보다는 델타(Δ)를 쓰기 때문에 $\dfrac{\Delta y}{\Delta x}=1$로 쓴다. 이는 x가 1이 증가하면 y는 1이 증가한다는 의미이다. 여기서 기억해야 할 것은 x가 1에서 2까지 구간이 주어졌을 때를 의미한다는 것이다.

만약 x가 2에서 3까지 증가할 때 y가 2에서 3으로 증가하면 변화율은 어떻게 될까? 이것도 $\dfrac{\Delta y}{\Delta x}=\dfrac{1}{1}=1$이 된다. 미분에서 말하는 평균변화율은 이 변화율을 말하는 것이다.

일차함수는 기울기가 일정하므로 평균변화율은 x의 어느 변화율에 대해 y의 변화율을 구해도 마찬가지로 같다. 이것은 상수함수도 같다.

그런데 이차함수부터는 기울기가 일정하기 않다. 그러므로 구간마다 다르다. 이차함수 $y=2x^2-4x-1$를 보자.

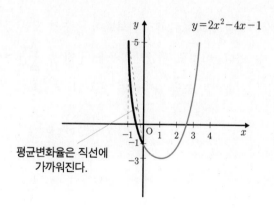

먼저 x 구간을 -1에서 0까지 살펴보자. 기울기가 점점 감소하는 것을 알 수 있다. 그런데 이때 관심을 가져야 할 것은 일차함수와 다르게 기울기가 직선이 아닌 곡선의 형태를 가진다는 것이다. 그러나 평균변화율은 변화율의 평균을 나타내므로 직선으로 본다. x가 -1에서 0까지가 아니라 -1에서 -0.5까지이면 조금 더 직선에 가깝다. 여기서는 기울기가 음수이며 감소하는 것을 알 수 있다.

$$\text{평균변화율} = \frac{\Delta y}{\Delta x} = \frac{-1-5}{0-(-1)} = -6\text{이 된다.}$$

만약 x구간을 0에서 1까지 하면 어떻게 될까?

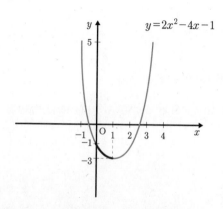

x가 0에서 1까지 변화해도 평균변화율이 음수인 것은 그림으로도 대략 예상할 수 있다. 이것도 평균변화율을 구하면 $\dfrac{\Delta y}{\Delta x} = \dfrac{-3-(-1)}{1-0}$ $= -2$가 된다. 기울기는 조금 완만해진 것을 알 수 있다.

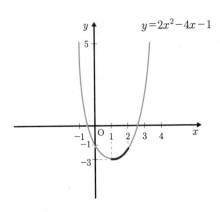

그래프에서 보듯이 x가 1에서 2까지 증가하면 y는 -3에서 -2로 증가하여 $\dfrac{\Delta y}{\Delta x} = \dfrac{-1-(-3)}{2-1} = 2$가 평균변화율임을 알 수 있다. 위 이차함수 그래프는 x는 1에서 최솟값을 가지므로 x가 1부터 기울기는 점점 증가하게 된다. 이때 평균변화율은 기울기이지만 x가 1.5에서 1.6 구간에서는 평균변화율이 거의 감지되지 않는다. 그 값이 작기 때문이다. 또 크게 보면 평균변화율은 구간에서 y값의 변화이므로 $\dfrac{\Delta y}{\Delta x}$ $= \dfrac{f(a+\Delta x)-f(a)}{\Delta x}$가 된다.

이번에는 순간변화율을 알아보자.

순간변화율은 야구배트로 야구공을 쳤을 때의 그림을 생각하면 된다.

타자가 야구공을 칠 때 더욱 커지는 순간의 속력도 미분을 통해 구할 수 있다. 순간변화율과 평균변화율의 차이점은 평균변화율의 극한값을 구하면 된다는 것이다.

그래서 순간변화율은

$$\lim_{\Delta x \to 0} \frac{\Delta y}{\Delta x} = \lim_{\Delta x \to 0} \frac{f(a+\Delta x)-f(a)}{\Delta x}$$ 로 나타낸다. 순간변화율은 변화율이라고 줄여서 부르거나 미분계수라고도 한다.

순간변화율을 나타낼 때는 $f'(a)$, $y'_{x=a}$, $\left[\dfrac{dy}{dx}\right]_{x=a}$ 이다. 순간변화율은 그 순간의 변화율을 나타내므로 평균변화율보다 더 정확한 값이다. 이를 위해 Δx가 0에 가까워지게 하여 근사값으로 더욱 정확하게 구하는 것이다.

$y = \dfrac{1}{x}$인 함수가 있다. 이 함수의 $x=2$의 변화율과 $x=4$의 변화율을 각각 구하면,

$$y'_{x=2} = \lim_{\Delta x \to 0} \frac{\dfrac{1}{2+\Delta x}-\dfrac{1}{2}}{2+\Delta x-2} = \lim_{\Delta x \to 0} \frac{\dfrac{2-(2+\Delta x)}{2(2+\Delta x)}}{\Delta x}$$

$$= \lim_{\Delta x \to 0} -\frac{1}{2} \times \frac{1}{2+\Delta x} = -\frac{1}{4}$$ 이 된다.

$y'_{x=4} = -\dfrac{1}{16}$ 이다.

유쌤! 미분이 가능하다면 연속함수인가요?

맞아! 미분이 가능하면 연속함수가 되지, 불연속함수는 될 수 없어.

그렇다면 연속함수는 미분이 가능한가요?

그게 또 그렇지가 않아. 조심하지 않으면 많이 틀리는 부분이지. 연속함수인데 미분이 안 되는 경우를 볼까? $y=|x-1|$은 연속함수지. 그러나 그래프에서 보면,

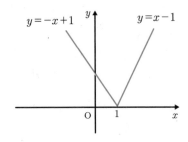

$x=1$을 기준으로 왼쪽은 도함수가 -1이고 오른쪽은 도함수가 1이 되지. 그렇다면 연속함수이지만 도함수가 달라서 변화율도 다른 것이고 미분이 불가능해. 이런 일례를 보더라도 「연속함수는 미분이 가능하다」는 명제는 성립되지 않는다는 것을 알 수 있지.

그리고 이런 생각도 할 수 있어. 「함수는 연속함수이다」가 옳은 명제일까? 답은 아니다야. 왜냐하면 함수는 불연속함수를 포함하고 있어. 그리고 연속함수는 모두 함수가 되지.

미분이 가능하다 → 연속함수이다 → 함수이다.

그러면 미분이 가능한 함수는 연속함수이고 함수가 된다는 결론에 이르게 되겠지?

🙂 맞아요. 그리고 상수함수를 미분하면 항상 0이던데 왜 그렇나요?

😀 그래프로 보면 쉽게 이해할 수 있어.

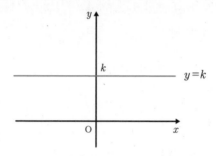

k가 0이든 0보다 크던 간에 $y=k$라는 상수함수는 기울기가 0이야. 그러면 당연히 0이 되는 것인데 이것은 그림으로 알 수 있어. 변화율을 이용해 증명해보면 $y' = \lim_{\Delta x \to 0} \dfrac{f(a+\Delta x)-f(a)}{\Delta x} = \lim_{\Delta x \to 0} \dfrac{k-k}{\Delta x} = 0$이 되지.

이것은 x 변화율에 따라 y 변화율이 0이니 미분값이 0이 되는 거야.

합성함수의 미분

미분을 하려는데 함수가 차수를 가진다면 직접 미분하기 어려울 때가 있다. 예를 들어 $y=3(x+4)^7$을 미분했을 때 좀처럼 쉽게 되지 않는다면 $x+4$를 u로 한다. 그러면 $\dfrac{du}{dx}=1$이 되고 du는 곧 dx가 된다.

$y=3u^7$에서 $\dfrac{dy}{du}=21u^6$이다. u 대신 $x+4$를 대신하여 쓸 수 있으므로 $\dfrac{dy}{du}=21(x+4)^6$이 된다. 꼭 합성함수를 이용하지 않더라도 직접 미분해도 된다.

$$y=3(x+4)^7$$
$$y'=3\times7(x+4)^{7-1}(x+4)^1$$

미분

$$=21(x+4)^6$$

기함수를 미분하면 우함수가 되고 우함수를 미분하면 기함수가 된다!

기함수는 원점에 대칭인 함수이면 차수가 홀수인 함수이다. 기는 홀수를 의미한다. 그리고 우함수는 y축에 대칭인 함수이다. 우는 짝수를 의미한다.

그런데 왜 기함수를 미분하면 우함수가 되고 우함수를 미분하면 기함수가 될까? 이에 대해 함수식을 일반화하여 증명해보자.

기함수의 성질 중에서 $-f(x)=f(-x)$가 있다. $y=x^3$을 생각하면 된다.

$$f(-x)'=\lim_{h\to0}\frac{f(-x+h)-f(-x)}{h}$$

음의 부호를 밖으로 끄집어내면

$$=\lim_{h\to0}\frac{-\{f(x-h)-f(x)\}}{h}$$

$$=\lim_{h \to 0} \frac{f(x-h)-f(x)}{-h}$$

$$=f'(x)$$

결과로 기함수를 미분하니 우함수가 되었다.

우함수의 성질 중에서 $f(x)=f(-x)$가 있다. 이것도 $y=x^2$을 생각하면 된다.

$$f'(-x)=\lim_{h \to 0} \frac{f(-x+h)-f(-x)}{h}$$

우함수의 성질에 따라 음의 부호를 없애면

$$=\frac{f(x-h)-f(x)}{-h} \times (-1)$$

$$=f'(x) \times (-1)$$

$$=-f'(x)$$

결과로 우함수를 미분하면 기함수가 되었다.

극댓값과 극솟값

함수 $f(x)$가 $x=a$에서 연속이고 x가 증가하면서 $x=a$를 지날 때 $f(x)$가 증가에서 감소로 변하면 $f(x)$는 $x=a$에서 극대가 되었다고 한다. 그리고 이때 $f(a)$를 극댓값이라 한다.

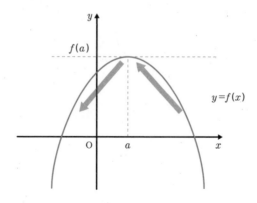

극댓값은 위로 볼록인 형태임을 알 수 있다. 그러면 반대의 경우를 생각해보자.

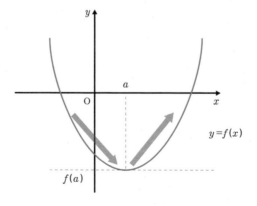

이때 극솟값을 가진다. 아래로 볼록인 형태이다. 극댓값과 극솟값을 합하여 극값이라고 하며, 삼차 이상의 그래프는 극댓값과 극솟값을 같이 가지는 예가 많다.

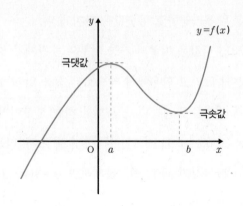

진희야! 문제 하나 내볼까? $y = |x|$ 는 극값을 가질까?

음… 그래프부터 그려봐야겠는데요.

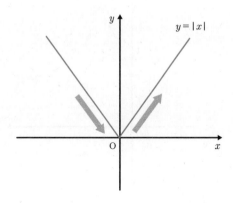

그래프를 보면 미분이 불가능하네요. 그러면 극값은 없는 거 아닌가요?

그렇지 않아. 극값은 함수 $f(x)$ 가 $x = a$ 에서, 그러니까 여기서 a 는 0이지만, 다시 말하면 x 는 0에서 함수 $f(x)$ 가 감소하다가 증가하 잖아. 그러니까 극솟값을 가지게 된단다. 물론 함수 $f(x)$ 가 아래로 뾰족하기에 미분은 불가능하고 극솟값은 가지게 돼.

🙂 그러면 극값은 미분의 가능 여부와는 관계가 없군요?

😀 맞아! 그리고 함수에서 앞으로 극값을 알게 될 텐데, 극값은 함수의 그래프 개형을 그리는데 큰 공헌을 하는 부분이지.

먼저 $y = x^3 - 6x^2 + 9x + 4$인 삼차함수를 보자. 미분하면 $y' = 3x^2 - 12x + 9$가 되고, 인수분해하면 $y = 3(x-1)(x-3)$이야.

y를 0으로 만드는 x가 1 또는 3이지. 그리고 $f(1) = 8$, $f(3) = 4$인 것을 알면 그래프가 다음처럼 그려지지.

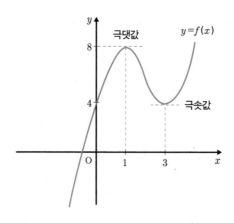

이 경우 증감표라는 것이 있는데 미분에 관한 그래프를 더욱 정교하게 그릴 수 있게 도와주는 표가 되지. x는 범위가 어떻게 되지?

🙂 x는 무한대(∞)의 범위를 가지지 않나요?

😀 x가 x좌표 위에서 왼쪽으로 무한대로 가면 $-\infty$고, 오른쪽으로

가면 ∞가 되지. 그러면 $-\infty < x < \infty$라 할 수 있잖아. 이것을 기억하고 증감표를 작성하면 다음과 같아.

x	$-\infty$	$\cdots$	1	$\cdots$	3	$\cdots$	∞
$f'(x)$		$+$	0	$-$	0	$+$	
$f(x)$	$-\infty$	$\nearrow$	8	$\searrow$	4	$\nearrow$	∞

가장 윗부분에 x를 쓰고, 그 아래는 $f'(x)$를 쓰지. 마지막 제일 아래는 $f(x)$를 쓴단다. 증감표를 작성하면 극값을 더 자세히 확인할 수 있어. 귀찮다고 쓰지 않으면 계산착오나 그래프를 잘못 그리게 되어 틀리는 경우가 발생하기도 하니 그려보는 것이 좋단다.

속도와 가속도

평면 위에서의 속도와 가속도

속도$=\dfrac{거리}{시간}$인 것은 이미 알고 있다. 그래서 속도를 구하라고 하면 거리와 시간이 주어졌을 때 구할 수 있다. 미분에서 속도를 좌표평면 위에서 움직이는 점 P의 시각 t의 좌표 (x, y)가 $x=f(t)$, $y=g(t)$로 나타낸다고 하자.

이때 속도 $\vec{v}=\left(\dfrac{dx}{dt}, \dfrac{dy}{dt}\right)=(f'(t), g'(t))$

가속도 $\vec{a} = \left(\dfrac{dv_x}{dt}, \ \dfrac{dv_y}{dt} \right) = \left(\dfrac{d^2x}{dt^2}, \ \dfrac{d^2y}{dt^2} \right) = (f''(t), \ g''(t))$로 구할 수 있다.

거리를 시각 t에 대해 한 번 미분하면 속도가 된다. 그리고 속도를 시각 t에 대해 한 번 더 미분하면 가속도가 된다.

지수함수를 나타내는 곡선 $y = e^x$ 위의 점 P가 점 $(0, 1)$을 출발하여 속력 1로 일정하게 움직이고 있다. 점 P가 점 $(2, e)$를 지날 때 x축에 내린 수선의 발 Q의 속력을 구해보자. 단 $x \geq 0$으로 한다.

$y = e^x$ 그래프를 그리고 생각하면 된다. 지수함수가 x축이나 y축의 평행이동이 없으면 $(0, 1)$을 지나는 것은 알고 있다. 그러면 속도가 1로 일정하다고 했고 속도부터 나타내려면 $\vec{v} = \left(\dfrac{dx}{dt}, \ e^x \dfrac{dy}{dt} \right)$이다. 속도에 절댓값을 씌우면 속력인 것은 이미 설명한 바 있다.

$$| \vec{v} | = \sqrt{ \left(\dfrac{dx}{dt} \right)^2 + e^{2x} \left(\dfrac{dy}{dt} \right)^2 } = \left| \dfrac{dx}{dt} \right| \sqrt{1 + e^{2x}} = 1$$

$$\therefore \left| \dfrac{dx}{dt} \right| = \dfrac{1}{\sqrt{1 + e^{2x}}}$$

$x = 2$를 대입하면, x축에 내린 수선의 발 Q의 속력은 $\dfrac{1}{\sqrt{e^4 + 1}}$ 이다.

넓이와 부피의 변화율

넓이의 변화율 $S=f(t)$ ⎤
부피의 변화율 $V=f(t)$ ⎦ 이 두 개를 미분한다.

Δ의 시각에 대한 변화율은 Δ를 t로 표현하여 미분한다.

$$\Delta=f(t)$$

예를 들어 한 변의 길이가 2인 정삼각형이 있다. 세 변의 길이가 매초 1만큼 늘어난다. 그림으로 나타내면 다음과 같다.

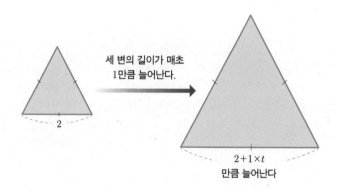

세 변의 길이가 매초
1만큼 늘어난다.

2

$2+1\times t$
만큼 늘어난다

1초 후는 3으로, 2초 후에는 4로 늘어남을 알 수 있다.

여기서 3초일 때 넓이를 알아보자. 먼저 $S=\dfrac{\sqrt{3}}{4}a^2$이라는 공식을 기억하고 $S=\dfrac{\sqrt{3}}{4}(2+t)^2$을 미분하면,

$$S'_{t=3}=\frac{\sqrt{3}}{4}\cdot 2(2+t)\times 1=\frac{5}{2}\sqrt{3}$$ 이 된다.

적분을 하는 이유는 무엇인가?

적분은 도형의 넓이나 부피를 구하는 계산법이다. 적분을 접하면 도형도 함수식에 따르는 것을 알게 된다. 물론 상수식에 따라 일정한 식이 존재하기도 한다. 적분의 기호는 $\int$ 를 사용하며 인테그럴^{integral}로 읽는다. 가장 기본인 적분법은 공식을 통해 배운 것이다. 사각형을 보자.

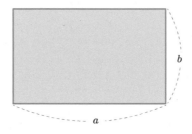

넓이를 구하는 공식은 '가로의 길이×세로의 길이'다. 가로의 길이가 3, 세로의 길이가 1로 주어진다고 하자.

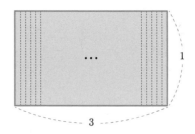

그림의 가로의 길이는 3이지만 여러 개의 선으로 잘게 나누면 한 직선의 가로의 길이는 0에 가까울 수 있다. 세로의 길이는 1로 일정하다. 가로의 길이는 여러 개 모여 3이 된 것이며 가로의 길이를 수십만 개로 나눌 수도 있다. 그 경우 가로의 길이는 Δx로 쓸 수 있다. 적분식으로 나타내면 $\int \Delta x = 3$으로 이해할 수 있다. 세로의 길이는 1이므로 $3 \times 1 = 3$이 된다.

이것이 바로 가장 기본이 되는 적분의 개념이다. 적분의 향을 느꼈으니 이제 적분을 맛보자.

위와 같은 타원의 넓이를 구할 수 있을까? 이런 경우 적분을 이용하면 가능하다. 도넛처럼 생긴 이 타원의 넓이는 아래처럼 근삿값으로 접근할 수 있다.

그렇다면 여러 가로의 길이가 Δx이고 세로는 y이다. 세로는 y라는 $f(x)$식을 따르기 때문에 함수식이다. 앞에서 직사각형은 일정하다고 말한 바 있다. 대부분의 함수식은 y가 변수로 작용해 $\int y\,dx$가 된다. 그래서 함수의 적분은 좁다란 직사각형의 합으로 표현한다.

부정적분에 대해

적분 중에는 원시함수로 불리는 부정적분이 있다. 적분 범위가 주어지지 않은 것을 부정적분이라고 하며, 함수 $f(x)$가 주어질 때,

$F'(x)=f(x)$인 함수 $F(x)$를 $f(x)$의 부정적분이라고 한다. 그리고 함수 $f(x)$의 부정적분의 하나를 $F(x)$로 할 때 $f(x)$의 임의의 부정적분은 $F(x)+C$ 형태로 나타내진다.

이것을 수식으로 표현하면 다음과 같다.

$$\int f(x)\,dx=F(x)+C \text{ (단 } C \text{는 적분상수)}$$

이때의 C는 적분상수, $f(x)$는 피적분함수, x는 적분변수라고 한다. 특히 x는 적분에 관여한 변수이기 때문에 적분변수로 하는 것을 기억해야 한다.

이에 따라 $\int x^n\,dx$는 $\dfrac{1}{n+1}x^{n+1}+C$로 계산이 된다.

부정적분과 도함수는 다음의 두 가지 관계가 있다.

(1) $\displaystyle\int\left(\frac{d}{dx}f(x)\right)=f(x)+C$

(2) $\dfrac{d}{dx}\left(\displaystyle\int f(x)\,dx\right)=f(x)$

(1)은 $f(x)$를 미분하여 적분하면 다시 $f(x)$가 되는데 적분상수가 붙는 것을 의미한다. 식을 임의로 설정하여도 증명은 된다. 예를 들어

$f(x)$를 $2x+7$로 했을 때 $\dfrac{d}{dx}f(x)=2$가 된다. 이것을 다시 적분하면 $2x+C$가 되는 것이다. 그러면 적분상수였던 7이 적분상수인 C가 되는 차이점을 알게 된다. 그렇다면 C가 더 클까? 7이 더 클까? 그것은 알 수 없다. 적분상수 C는 양수인지 음수인지 조차 알 수 없기에 비교할 수 가 없다. 수에서 비교는 정확한 숫자가 나올 때에만 가능하기 때문이다.

(2)는 $f(x)$를 적분하여 미분하면 $f(x)$가 성립하는 것이다. 이번에도 $f(x)$를 $2x+7$로 했을 때 $\displaystyle\int f(x)\,dx$는 $\displaystyle\int (2x+7)\,dx$이므로 x^2+7x+C가 된다. 그렇다면 이것을 미분한 $\dfrac{d}{dx}\left(\displaystyle\int f(x)\,dx\right)$는 $2x+7$이 된다. 처음 $f(x)$와 같은 식이 되는 것이다.

정적분

정적분은 적분 구간이 있어서 정확하게 계산하는 적분이다. 부정적분에 적분 구간이 주어지면 함수 형태가 아닌 구체적 계산을 할 수 있다. 예를 들어 e^x를 적분하면 e^x+C가 된다. 이는 지수함수 형태 그대로이며 적분상수도 정해지지 않았다. 이것을 정적분으로 계산하기에 앞서 정적분의 계산 형태를 보자.

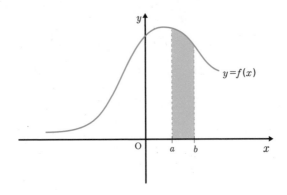

$y=f(x)$가 어떤 함수식이던간에 적분구간 a, b가 주어지면 색칠한 부분을 구하는 것이 된다. 이것은 실수로 계산이 될 것이다. 적분구간을 a에서 b까지로 하고 식을 세우면 $\int_a^b f(x)dx=F(b)-F(a)$가 된다.

조금 더 증명한다면 다음의 경우도 생각해볼 수 있다.

$$\int_a^b f(x)dx=[f(x)+C]_a^b$$
$$=F(b)+C-(F(a)+C)$$
$$=F(b)-F(a)$$

그렇다면 x축 아래 함수식 $f(x)$가 있을 때 어떻게 적분이 될까?

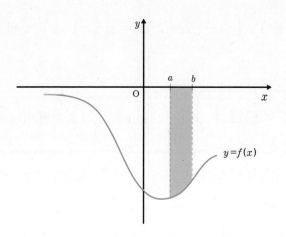

적분을 하려면 $-\int_b^a f(x)dx$로 하면 된다. 실제로 $\int_b^a f(x)dx$로 계산하면 음수가 되는데 넓이가 음수가 될 수는 없다. 따라서 음수를 붙인다. 이처럼 x축 아래에 있으면 꼭 음수 붙이는 것을 기억해야 한다.

다음을 계산해보자.

$y=x^2-2x-2$인 이차함수가 있을 때 0에서 1까지 적분을 구해보자. 물론 완전제곱식의 형태로 고쳐보고 그래프를 더 정확히 그린 후 계산해야 한다.

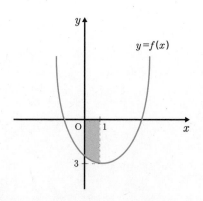

음수를 붙여 $-\displaystyle\int_0^1 (x^2-2x-2)\,dx = -\left(\dfrac{1}{3}-1-2\right)=\dfrac{8}{3}$이 된다.

정적분에서 기함수는 계산이 편리하다!

$y=x^3$을 적분해보자. 적분 구간을 0에서 −1로 하면 아래처럼 그래프로 나타낼 수 있다.

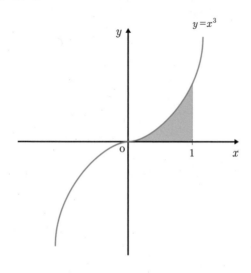

이것을 계산하면 $\dfrac{1}{4}$이 된다.

이번에는 적분 구간을 -1에서 1로 하자.

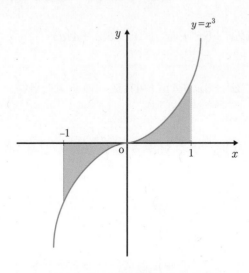

적분 구간으로 색칠된 부분이 점대칭 모양이다. $\displaystyle\int_{-1}^{1} x^3 dx$를 계산하면 0이다. 이것은 왼쪽 아래에 해당하는 부분이 오른쪽 위의 해당 부분과 더해서 상쇄되어 0이 되기 때문이다. 기함수를 적분할 때 특히 적분구간이 $-a$에서 a까지이면 0이 된다.

삼각함수에서 $\sin$ 함수는 원점을 중심으로 점대칭이므로 기함수이며 위와 같은 결과가 된다. 그러면 정적분 $\displaystyle\int_{-1}^{1}(x^3+2x)\,dx$를 계산해보자.

$$\int_{-1}^{1}(x^3+2x)\,dx=\left[\frac{1}{4}x^4+x^2\right]_{-1}^{1}=0\text{이다.}$$

예를 들어 $\displaystyle\int_{-1}^{1}(2x^7+5x^6+4x^5+3x^2+63x+4)dx$를 간단히 할 수 있을까? 이것을 차근차근 계산해도 복잡한 느낌이 사라지지는 않을 것이다.

$$\int_{-1}^{1} (2x^7 + 5x^6 + 4x^5 + 3x^2 + 63x + 4)\,dx$$

$$=\int_{-1}^{1} (5x^6 + 3x^2 + 4)\,dx \text{이므로 이것을 계산한다.}$$

그리고 이것도 알 수 있을 거야. $\int_{0}^{4} 2\,dx$를 그래프로 그리면,

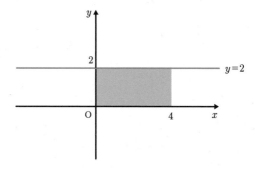

색칠한 부분의 넓이를 구하라는 것이므로 적분값은 8이잖아. 또 가로가 4이고 세로가 2인 직사각형의 넓이를 구하는 것임을 알 수 있지. 그런데 $y = -2$인 함수의 x축 아래의 정적분을 구하면,

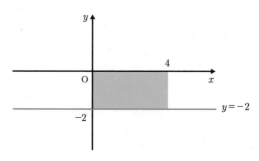

그림에서 보는 것처럼 $\int_{-2}^{0} -2dx$는 -4가 돼서 도형의 넓이가 아니라 정적분의 값이니 음수가 붙는 거야. 그러니까 결과로 x축 아래의 정적분은 음수를 가진다는 것을 알 수 있지.

그러면 절댓값이 붙은 함수를 정적분하면 원래 함수를 정적분한 것과 차이가 있겠네요?

그렇지. 계산을 하면 알 수 있어. $y=-x^3+6x$의 적분 구간을 -1에서 3까지로 정하고 정적분을 계산해보자. 그림부터 그려보면,

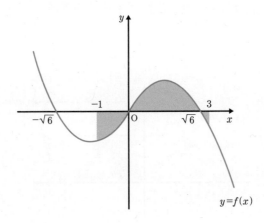

색칠한 부분을 구하면 돼. x축 아랫부분은 음수값이 되므로 정적분을 구하게 되면 그만큼 줄어들게 되지.

$$\int_{-1}^{3} |-x^3+6x|\,dx$$

$$=\int_{-1}^{0} (-x^3+6x)\,dx + \int_{0}^{\sqrt{6}} (-x^3+6x)\,dx + \int_{\sqrt{6}}^{3} (-x^3+6x)\,dx$$

$$= \left[-\frac{1}{4}x^4 + 3x^2 \right]_{-1}^{0} + \left[-\frac{1}{4}x^4 + 3x^2 \right]_{0}^{\sqrt{6}} + \left[-\frac{1}{4}x^4 + 3x^2 \right]_{\sqrt{6}}^{3}$$

$$= -\frac{11}{4} + 9 + 18 - \frac{81}{4}$$

$$= 27 - \frac{92}{4}$$

$$= 4$$

따라서 정적분을 구한 것이 4가 된단다.

이번에는 $y = f(x)$에 절댓값을 씌우면 정적분의 값이 어떻게 변하는지 보자.

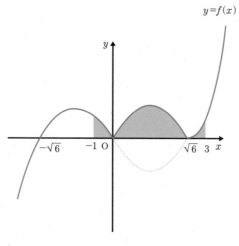

$$\int_{-1}^{3} |-x^3 + 6x| \, dx$$

$$= -\int_{-1}^{0} (-x^3 + 6x) \, dx + \int_{0}^{\sqrt{6}} (-x^3 + 6x) \, dx - \int_{\sqrt{6}}^{3} (-x^3 + 6x) \, dx$$

$$= -\left[-\frac{1}{4}x^4 + 3x^2 \right]_{-1}^{0} + \left[-\frac{1}{4}x^4 + 3x^2 \right]_{0}^{\sqrt{6}}$$

$$-\left[-\frac{1}{4}x^4 + 3x^2 \right]_{\sqrt{6}}^{3}$$

$$= \frac{11}{4} + 9 - \left(18 - \frac{81}{4} \right)$$

$$= 14$$

가 된다.

따라서 절댓값을 붙인 것과 아닌 것의 차이는 10이 된다.

두 곡선 사이의 넓이를 구하는 방법

두 곡선 사이의 넓이는 폐구간 $[a,\ b]$에서 $f(x) \geq g(x)$일 때, $y = f(x)$와 $y = g(x)$로 둘러싸인 부분의 넓이로 나타내면 $S = \displaystyle\int_{a}^{b} \{f(x) - g(x)\}\, dx$로 구할 수 있다.

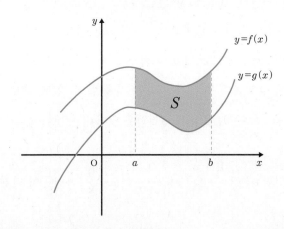

문제를 풀면서 다시 살펴볼까?

폐구간 0과 1 사이에서 $f(x)=\dfrac{17}{9}x^2+\dfrac{5}{3}$와 $g(x)=-4x^2+9x$로 둘러싸인 도형의 넓이를 구해보자.

그래프부터 그리면 다음과 같아.

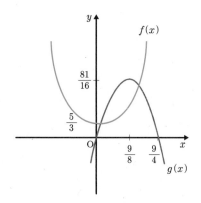

$f(x)$는 x에 0을 대입하면 $\dfrac{5}{3}$가 되니까 y절편으로 그래프를 대략 그릴 수 있어. $g(x)$는 x절편이 무엇인지 먼저 파악해야 돼. 두 개의 근을 만드는 x를 어떻게 구할 수 있을까?

인수분해가 좋겠는데요.

맞아. $g(x)=-4x^2+9x$니까 $-x(4x-9)$를 0으로 하는 x는 0 또는 $\dfrac{9}{4}$이지. x좌표의 두 점을 지나는 것을 알 수 있고 이때 또 하나 중요한 것은 $g(x)$라는 포물선의 꼭짓점을 찾아내는 것이야. 완전제곱식을 해야 하지.

그러면 $g(x)=-4x^2+9x=-4\left(x-\dfrac{9}{8}\right)^2+\dfrac{81}{16}$ 이 되겠네요!

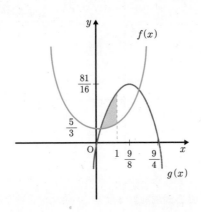

맞아. x가 $\dfrac{9}{8}$일 때 $\dfrac{81}{16}$을 지나는 점이 꼭짓점이니까 이젠 그릴 수 있지.

폐구간이 0에서 1이니까 다음처럼 그려지면 색칠한 부분의 넓이를 구할 수 있을 거야.

그런데 색칠한 부분은 $g(x)$에서 $f(x)$를 빼면 되는 건가요?

그렇지. △ = △ − △ 로 구할 수 있는 거야.

$$\int_0^1 (-4x^2+9x)dx - \int_0^1 \left(\frac{17}{9}x^2 - \frac{5}{3}\right)dx$$

$$= \left[-\frac{4}{3}x^4 + \frac{9}{2}x^2 \right]_0^1 - \left[-\frac{17}{27}x^3 + \frac{5}{3}x \right]_0^1$$

$$= -\frac{4}{3} + \frac{9}{2} - \left(\frac{17}{27} + \frac{5}{3} \right)$$

$$= \frac{47}{54}$$

폐구간 $[a,\ b]$에서 $f(y) \geq g(y)$일 때, $x = f(y)$와 $x = g(y)$로 둘러싸인 넓이는 다음 그림처럼 나타낸다.

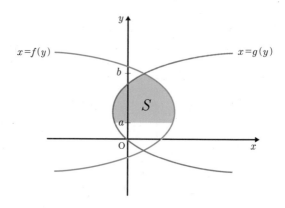

식으로 나타내면 다음과 같다.

$$S = \int_{a}^{b} \{f(y) - g(y)\} dy$$

예를 들어 $y = \sqrt{x}$ 와 $y = x - 2$, $x = 0$으로 둘러싸인 도형의 넓이를 구하는 문제가 있다고 하자. 우선 그래프를 그려보면,

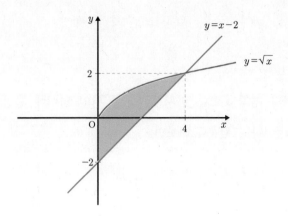

따라서 여기서 직선과 곡선으로 둘러싸인 것을 알고 교점이 $(4, 2)$인 것과 $x=0$으로 둘러싸인 것까지 알면 식은 다음처럼 세우면 된다.

$$\int_{-2}^{2} \{ (y+2)-y^2 \} \, dy$$

이 적분을 계산하면 다음과 같다.

$$\int_{-2}^{2} \{ (y+2)-y^2 \} \, dy = \frac{8}{3}$$

부피와 적분

구의 부피를 구해보자!

원을 하나 생각해보자. 반지름이 r인 원의 넓이에 관한 방정식은 $x^2+y^2=r^2$이다. 그림을 그려보면,

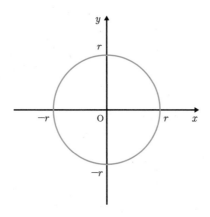

그러면 구는 한 정점에서 일정한 거리의 자취이며 여러 원을 감자처럼 썰은 모양이므로 적분구간을 $-r$에서 r로 하면 된다.

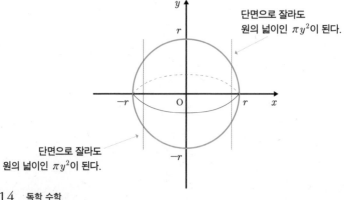

단면으로 잘라도
원의 넓이인 πy^2이 된다.

단면으로 잘라도
원의 넓이인 πy^2이 된다.

$x^2+y^2=r^2$을 y에 관한 식으로 쓰면 $y=\pm\sqrt{r^2-x^2}$ 이 된다.

그러면 $\displaystyle\int_{-r}^{r}\pi y^2 dx=\int_{-r}^{r}\pi(r^2-x^2)dx$

$\displaystyle=\pi\int_{-r}^{r}(r^2-x^2)dx=\pi\left[r^2x-\frac{1}{3}x^3\right]_{-r}^{r}$

$\displaystyle=\frac{4}{3}\pi r^3$

이 된다. 구의 부피는 여러 원의 합을 적분하면 되는 것이다. 이때 적분 구간이 $-r$에서 r까지이면 원은 여러 개의 소원과 대원의 합으로 알 수 있다.

원뿔의 부피는 어떻게 구할까?

🙂 유샘! 구의 부피는 어떻게 구하는지 알았어요. 그러면 원뿔의 부피는 어떻게 구하면 되죠?

🙂 설명 전에 먼저 원뿔을 그려보자. 반지름이 r이고 높이가 h인 원뿔이야.

🙂 그러면 이 원뿔도 잘라본다고 생각하고 적분을 생각하면 되겠네요?

🙂 그래! 맞아. 좌표평면에 그려볼까?

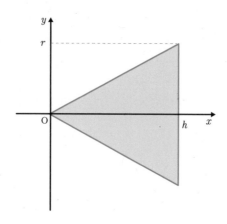

삼각형의 비례식을 이용해 보면,

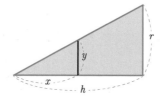

$$h : r = x : y$$
$$\therefore y = \frac{r}{h} x$$

그렇게 해서 원뿔의 밑면의 넓이 $S = \pi y^2 = \pi \left(\frac{r}{h} x \right)^2 = \frac{\pi r^2}{h^2} x^2$이

되지.

 그러면 부피는

$$V = \int_0^h \frac{\pi r^2}{h^2} x^2 dx = \frac{\pi r^2}{h^2} \int_0^h x^2 dx$$

$$= \frac{\pi r^2}{h^2} \left[\frac{1}{3} x^3 \right]_0^h$$

$$= \frac{\pi r^2}{h^2} \times \frac{1}{3} h^3$$

$$= \frac{1}{3} \pi r^2 h$$

가 되네요.

그리고 한 가지 더 알 수 있어. 높이가 h인 원기둥에 높이가 h인 원뿔의 물을 세 번 부으면 원기둥의 물이 찬다는 것이야. 즉, 원뿔 세 개의 부피는 원기둥 한 개의 부피가 되는 거야.

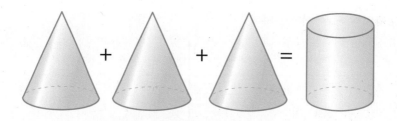

이번에는 빗살무늬토기 모양을 적분해볼까? 무슨 얘기인가 하면 포물선의 그래프를 회전체로 계속 적분해서 부피를 구해보는 것이지.

엉? 그래요?

$y = x^2 - 2$를 그려보자.

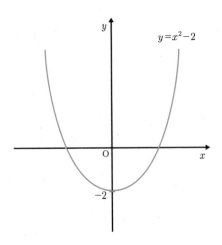

그리고 이 함수를 y축을 회전축이라 생각하고 회전시켜. 적분 구간은 y축인데 -2에서 4로 하자.

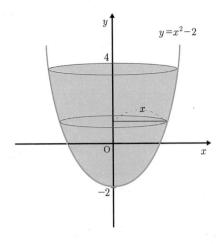

$y=x^2-2$에서 $x=\pm\sqrt{y+2}$ 가 되지.

원의 단면의 넓이 $S=\pi x^2$이고,

$$V = \int_{-2}^{4} S\, dy = \int_{-2}^{4} \pi\,(y+2)\, dy$$

$$= \pi \left[\frac{1}{2}\, y^2 + 2y \right]_{-2}^{4} = \pi\,[8+8-(2-4)]$$

$$= 18\pi$$

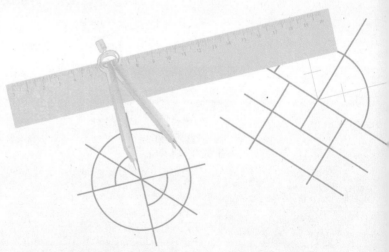

고대에는 어떻게 넓이나 부피를 구했을까?

　지금은 많은 수학자들의 노고로 공식을 이용해 넓이와 부피를 구할 수 있지만 고대에는 그런 수학공식이 정형화되어 있지 않아서 원시적인 풀이방법을 택하고 계발했다. 고대 그리스에서는 전투가 많아 해상전에 쓰일 배에 대한 연구가 많이 이루어졌다. 이러한 연구는 물리학의 발전에도 지대한 영향을 주었다. 아래 그림은 배의 색칠된 부분의 넓이를 구한 방법이다. 우선 구하고자 하는 부분의 넓이에 가장 근사치에 가까운 삼각형을 하나 넣는다. 삼각형의 넓이는 이미 알고 있다고 가정한다.

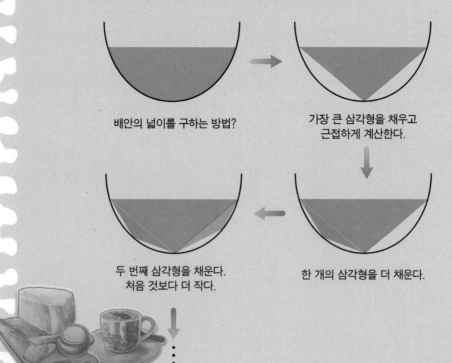

배안의 넓이를 구하는 방법?

가장 큰 삼각형을 채우고
근접하게 계산한다.

두 번째 삼각형을 채운다.
처음 것보다 더 작다.

한 개의 삼각형을 더 채운다.

다음 단계로 빈 틈에 작은 삼각형을 넣는다. 이 작은 삼각형도 넓이를 알고 있지만 빈 틈이 거의 보이지 않을 정도로 채운다. 이렇게 여러 번 삼각형을 채우면 그 넓이의 근삿값을 알게 된다. 원의 넓이 역시 같은 방법으로 다각형을 채워 구했다.

아르키메데스^{Archimedes}(BC 287?~BC 212)가 생각한 이 방법은 적분의 시작이 되었다.

수학자이자 천문학자인 케플러$^{\text{Johannes Kepler}}$(1571~1630)는 포도주의 부피를 구한 것으로 유명하다. 포도주는 직원기둥으로, 정확한 부피를 구하기가 어렵다.

케플러는 여섯 등분으로 나누어보거나 수십 개의 등분으로 나누어 포도주의 부피의 근삿값을 구했다. 물론 지금은 포도주통에 관한 함수를 알고 적분하면 쉽게 구할 수 있다.

케플러는 포도주통이 직원기둥 모양이 아니고
가운데가 볼록한 모양이기 때문에 부피를 정확히 구하기 어려워
오른쪽 그림처럼 여섯 등분으로 나누어 부피를 구했다.

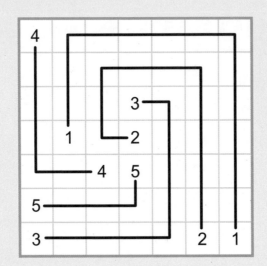

 3차례

T T T T T T T T T

1차례

H H H H T T T T T

2차례

H H H T H H T T T

3차례

H H H H H H H H H

검은 선으로 표시한 숫자 3개의 합과 별색으로 표시한 숫자 2개의 합은 같습니다.

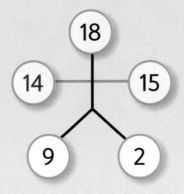

 10, 10

풀이 E행의 숫자에서 H행의 숫자를 더한 후 F행의 숫자를 나눈다.
따라서 C열에서 보면 $(2+18) \div x = 2$인데 $x = 10$이 된다.
D열에서 보면 $(63+17) \div 8 = 10$이 된다. 이 문제는 가로로 행을 기준으로 보면 어떤 규칙도 찾을 수 없지만 세로로 보면 규칙이 있는 문제이다.

 18

풀이   별색으로 된 삼각형 4개를 팔랑개비라 한다면 13과 24의 합은 37이다. 11과 26의 합도 37이다. 회색 팔랑개비도 두 숫자의 합이 37이므로 빈 칸 안의 숫자는 19와 더해서 37이 나오는 숫자로 18이 된다.

7	4	6	5
4	3	2	1
6	2	9	1
5	1	1	8

7

풀이 하트 카드와 스페이드 카드를 곱한 수가 다이아몬드 카드와 클로버 카드의 숫자이다. 즉, 첫번째 배열에서 6에 7을 곱하면 42가 된다. 따라서 19에 4를 곱하면 76이 되므로 다이아몬드 카드에는 7이 들어간다.

4

풀이 가운데 숫자 28을 생각하면 삼각형 7개의 합도 28이며, 오각형의 합도 28이 되어야 한다.